爱一个人，就对他说，
你的一日三餐，从此由我做主。

舌尖上的幸福
妈妈美食秘籍

吕玫/著

世纪文景 Century Literature
世纪出版集团 上海人民出版社

目录
CONTENTS

序

温暖的饭桌是心灵的归宿

我有两个儿子，一个在美国，已经工作，一个计划前往德国留学，在旁人看来十分值得羡慕，在我太太看来，却是喜忧参半。

儿子去到那么远，每天不知道他们会吃什么，吃得够不够营养，是不是卫生，这些在孩子们看来微不足道的话题，在一个做母亲的看来，却是头等大事。

家里请着厨娘，一日三餐由专业人士打理的日子，在小说里看了不少，那种生活在我看来，很浪费，也很遥远。我看惯的一日三餐，是妈妈亲力亲为、很简单但很安心的家常小菜，偶尔也会去馆子，可充满一生的，是家常的味道。

偶然和吕玫谈起，她说能有这样温暖的一日三餐走过一生，是莫大的幸福。我是第一次听到这样的论调，但细想想，还真是这样，每天能开开心心吃到可口可心的三餐，一辈子还能不幸福吗？

认识吕玫十年了，初相识，她是风风火火的年轻女孩，有着文学的梦想，写的故事也是社会新鲜人类的视角，带来青春的气息；十年过去，她已经是一个成熟的小妈妈了，话题中多了很多家庭的内容，对人生的思考也开始沉郁和稳重。今年，在茶恋小说的系列之外，吕玫说要做一个“减法生活”的系列书，第一本甫一完成就很称我的心意——《舌尖上的幸福：妈妈美食秘籍》，听起来就让人感觉温暖，并且很想看一看。

我的两个儿子都到了恋爱成家的年纪，虽然他们离我和太太很远，可我们还是会希望他们相伴一生的女人能上得厅堂下得厨房。现在上得厅堂的女子很多，但下得厨房的就相对少一点了，工作忙学习忙，女孩子从小像男孩一样忙忙碌碌，到了社会上以后忙着工作升职，能进厨房的时间和机会更少，所以很多的小家庭厨房形同虚设，先进的厨房设施放在那里，除了煮开水泡方便面，几乎没有用武之地。平时谈起地沟油、色素、添加剂、激素肉个个畏若洪水猛兽，但真正想到自己回家去做饭的却很少。

这本书，我打算多买几本，当我的儿子带女友来见我们的时候，我会把书交给他们两个，请他们务必好好看看。结婚是为了什么？一起吃饭睡觉生儿育女，那么，不管你是博士硕士还是科学家，先学着做饭吧。居里夫人去研究室寻找镭的时候，手上还带着炖牛肉的味道呢，你也别看轻了这洗菜煮饭的事。

这本书还有一个值得推荐之处在于，它的技术顾问是我们一茶一坐的行政总厨黄启云。启云外形很时尚，往往会让人产生“他到底会不会做菜”的疑问，其实在他时尚不羁的外表之下，有一颗爱吃会吃的心。为了寻访美食的本源，他行迹遍布全球，每到一国，就细细探访当地的名店名厨名菜，回到自己的厨房，他会用同样的食材来复制那些菜，然后再加以升华，正是在一百次一千次的试炼之后，他才获颁法国蓝带协会的美食勋章，成为顶级名厨。

如今，好奇心重爱做饭天天为家人炮制一日三餐的作家妈妈和遍尝世界美食心里丘壑万千的世界级名厨，一起携手打造了一本深入浅出异彩纷呈的美食秘籍，期盼这本书会让你发现，做菜是一件优雅有趣的事情，激发你身体里的烹饪天分，翻开这本书，从此厨房就是你的地盘。

爱一个人，就对他说，你的一日三餐，从此由我做主，是不是很酷？

一茶一坐 陳定彔

图片提供：宜家中国 www.ikea.com

01
打造全能厨房

01

打造全能厨房

结婚前第一次装修房子的时候，我开始接触到所谓的整体厨房，在设计师进门以前，我浮想联翩——功能的分配，区域的分割，橱柜里的瓶瓶罐罐井井有条，拉开抽屉，杂物们错落有致，空余的角落放一张小小的桌子，两人早餐倍觉温馨，总之在我的设想中，一切美好得像宜家宣传册上的照片。

但所谓的设计师只关心你会不会同时跟他们采购油烟机和燃气灶，然后忙着推荐比较贵的板材以便获得一张造价比较高昂的订单。

一番忙乱之后，设计师画出的图纸千篇一律，吊柜地柜水斗，水斗下面的门一开，一个垃圾桶，转角的地方放个篮子，灶台的边上有个调味品柜，至于为什么要做这么多橱柜，这些橱柜今后将在我的烹饪生涯中担任什么样的角色，并没有那样的说明，在他设计的时候，也许也没有进行细细的考量。

所以，我们的厨房有漂亮的门板，进口的人造石台面，神气的不锈钢水斗和龙头，还有一只扁平挺括的西式油烟机，但打开柜门，杂乱无章的食材和保鲜袋混在一起，水斗边的那个洗洁精出口形同虚设，一切都不是想象当中的样子。

美则美矣，却越用越乱，让人提不起劲走进厨房。

图片提供：宜家中国 www.ikea.com

心目中那种种着香草充满田园气息的完美厨房，是不是一个神话？

厨房虽然不是画廊，但如果设计得法安排合理，它完全可以变成你心灵的后花园，给你轻松优雅的休憩之地。

首先你问自己三个问题：

1. 一周你会使用几次厨房？
2. 在厨房里你想烹饪什么样的菜肴？
3. 在你搬走之前，你会不会改变厨房设施？

好，如果你几乎不会、以后也不打算在厨房里做饭，那么你可以合上这本书，把它送给别人。或者面对这三个问题的时候脑海里出现了和你爱的人一起吃饭的美好画面，哪怕只是一瞬间，说明你的心底其实有过这样的梦想，那么认真思考我的问题，然后在看完这本书之后，我想你会愿意起码每周在家吃一次饭，并且计划一年 365 天都自己准备早餐。

好，我们就来动手打造合理好用事半功倍的完美厨房吧！

第一步：分区•合理

厨房是烹饪的场所，所以先思考一下你的料理过程，一定是采买准备食材、清洗食材、切配准备、烹饪、装盘上桌、清洗餐具收纳，那么就要根据这些流程来分配你的厨房区域。所有不需要进冰箱的食材储存在一起；水槽在明亮的地方。

水槽下面的柜子里放置洗菜盆和洗碗布等清洁用具，一些简单无害的清洁剂也可以放在这个柜子里，但如果家里有学步的孩子，放置了清洁剂的柜子需要加童锁，或者暂时将清洁剂放在水槽附近孩子够不到的地方。

水槽和灶台相邻，这一段区域要有足够多的空台面放置清洗好的食材，并且要留出切配的空间，实在不够的话，可以购置流动料理桌。

清洁好的餐具可以放在灶台和水槽之间的柜子里，这样烧好菜可以直接取用装盘，洗干净的碗碟也可以直接收纳，方便高效。还未装修的厨房能安装立式碗架将常用的碗进行收纳，取用起来会比较方便；已经装修好的厨房可以购置一些防震碗架，将碗按大小分类，既安全又方便。

第二步：选购•合理

厨房不会无限制地生长，一个井井有条的厨房只能容纳那些必须要的东西，所以在购买所有厨房用具之前，最好先想好它会被放在哪里，而这个地方不会用来做别的用途。乱七八糟堆叠在一起的物品用起来很不方便，所以才会发生买了很多东西，但用的时候总是找不到要用的东西，然后又重新去购买的尴尬情况。虽然大部分厨房用品和食材花费不多，但天长日久实在是一笔不小的浪费。

制作购物清单和购买前先在厨房里巡视一下，这两点十分重要，不要打无准备之战，平时逛超市的时候不要随意购买食材和餐厨用品，网店里购买的东西最好在支付前先搁置一下，过几个小时或睡一觉再来思考是不是一定要买，有些订单真的是热情一过就可以取消的。

这样不仅保证你的厨房整洁漂亮，还能让你的身材保持苗条。

厨房里堆满了各种零食和食材，你就会按耐不住大吃起来，再花时间和精力去减肥，整一个恶性循环，对不对？

第三步：使用•合理

整理好自己的厨房之后，还应该定品定位。将食材放进收纳盒和收纳篮，将各种零散的小东西也随手收进盒子里，开封后的食材立刻放进透明收纳罐再放进抽屉存放，抽屉里用分格的方式来确定好之后，记得贴上醒目的标签。因为会使用厨房的不是你一个人，尤其在做了新妈妈以后，来家里帮忙的人多，贴好标签，所有家人都按照标签来定位，就会方便得多，也不会产生那种“我才收拾好你又弄乱了”的矛盾。刚开始可能会有人不习惯，只要经过一周时间，大家都会喜欢在一个整洁有条理的厨房里烹饪的。

现在让我们一起动手整理：

1. 丢掉所有已经过了保质期的食物。

2. 将就要过期的食物拿出来放在一个筐子里，最近几天使用掉。

3. 处理那些已经半年以上没有使用的杂物，有收藏价值的装在盒子里贴上标签，没有收藏价值的果断丢弃。

4. 将不会在厨房使用的物品送去它应该在的地方。

5. 用湿布擦拭一下那些很久没有清洁过的橱柜，等风干之后将各种物品按照分区进行重新归置！

6. 每年起码一次彻底搬动一下橱柜里的东西，并清理，会有收获宝藏一样的乐趣哦，因为总有遗珠藏在暗暗的角落里呢。

图片提供：宜家中国 www.ikea.com

了解了厨房的黄金法则，现在我们由一个案例来分析给你看。

这是一间十平米的厨房，拥有较少的吊柜和比较多的底柜，还有三个不算小的抽屉以及一张活动的料理桌。现在我们来为大家一一指出这里面存在的优缺点，再为大家进行科学的整理，你会发现，每样东西都放在了顺手的地方，食材不那么混乱了，做菜的欲望也油然而生了。

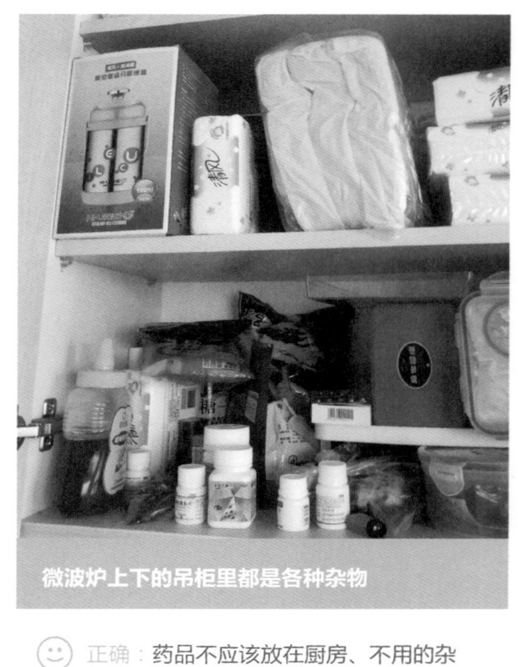

微波炉上下的吊柜里都是各种杂物

☺ 正确：药品不应该放在厨房、不用的杂物应该及时清理。

煤气灶边放置微波炉，炉架上放了茶杯和搪瓷锅

☹ 错误：微波炉离灶眼太近，很危险。

☺ 正确：利用层架可以节省空间增加效率。

煤气灶旁边是调味品的柜子

☺ 正确：调味品放在离灶眼最近的地方以便取用。

煤气灶下方是碗架和锅架

正确：常用的小型锅具可以悬挂，方便取用。

煤气灶旁边是食用油和菜板架，锅铲也放在架子上

正确：砧板要放在通风的地方以免霉变。有洗碗机的话可以放在里面烘干。

水槽边是肥皂盒，上方挂着擦手巾和抹布，下面是洗洁精和洗菜盆

正确：水槽下面的空间可以用层架进行分割利用。

放碗的橱柜

错误：转角柜要利用五金件将里面的物品旋转出来，方便取用，碗和杂物要分开摆放。

正确：碗放在水槽和灶台之间，不管是洗完了放回去还是烧好菜要取碗，都很方便。

米箱和密封盒堆放在一起，柜子深处有食材的备用品。

错误：物品要进行分类和定位，不然会忘记那些看不见的角落里的物品，造成浪费。

刀架和筷筒摆在一起，窗台上有些不怎么使用的瓶子

正确：木制刀架容易霉变，刀具放回去时一定要擦干。及时清理不用的物品，用立体收纳架来合理收纳厨房里的小物品。

移动的料理桌堆放了蔬菜水果牛奶和超市里买东西回来随手放的袋袋

错误：移动料理台已经无法移动，也失去了料理食物的功能，蔬果买回来后要及时处理，该冷藏的冷藏，不需冷藏的收在透气的收纳筐里。

正确：卷式的垃圾袋好用又节省空间，不需要留塑料袋。买东西时自带购物袋，减少塑料袋的使用。

上中下三个抽屉放着食品保鲜袋和一个食品料理机

错误：塑料袋开封后已经失去密封的环境，需要将食材放进密封罐。及时清理快过期的食物，减少购买。

通过以上这个案例，我们可以得到这样一些好的建议。

1. 相同功能的物品尽量归类摆放，这样寻找的时候比较容易。

2. 一次不要购买太多，要根据保质期的长短来考量囤货的数量，现在购物很方便，即买即用。过多囤放的物品最终会被浪费掉。

3. 收纳篮和收纳筐可以很好地将物品进行归类，归好类之后贴上标签，这样当别人收拾的时候也能按照同一个分类来归置。购买收纳篮筐时要参考家中橱柜和抽屉的尺寸。

4. 刀具、筷子、调味品和砧板可以用组合挂篮统一摆放，使用方便，厨房的空间也会得到充分利用。

Tips

装修厨房小贴士

1. 厨房瓷砖

厨房的色调以自然色系为宜，太亮会造成视觉疲劳，太暗则不利于操作。地面的瓷砖要注意防滑。

2. 厨房吊顶

厨房的顶面、墙面宜选用防火、抗热、易于清洗的材料。厨房的油烟附着力很强，烹调时又会产生大量的蒸汽，不容易擦洗，容易上锈变色的材质会让你的厨房显得很陈旧，难以打理。

3. 厨房收纳

厨房里的物品很难根据形状归类，需要大量的收纳分隔材料来规整，收小型的物品抽屉比柜子好，但收锅碗瓢盆，则需要有拉篮的柜子，或直接安装带有防滑底板的大抽屉，角落的柜子最好能安装转角拉篮，否则里面的空间很难高效率地使用。

4. 油烟问题

抽油烟机的高度以使用者身高为准，而抽油烟机吸气口与灶台的距离不宜超过 60 厘米。先安装橱柜后安装抽油烟机，最容易产生麻烦，所以最好和橱柜同时安装。选购吸油烟机时中式的尤其是罩体比较深的比欧式的吸力更强。油烟机一定要靠墙装，这样效果会更好。

5. 照明分区

厨房灯光需分成两个区域：一个是对整个厨房的照明，一个是对洗涤、准备、操作的照明。

6. 电器插座

要给厨房各种电器安排或预留出安放之地，并在适当的位置安排电源插座。防火、耐热是厨房装修选材必须考虑的安全因素。千万不可将电源插座随意置于没经过防火处理的木质橱柜上，以免短路打火造成不测。厨房里电饭锅、烤箱、电热水壶、电冰箱、油烟机、热水器的插座是最基础的，一定要先留好，然后注意为面包机、洗碗机、消毒柜、果汁机等留出插口和空间。

7. 厨房垃圾处理

厨房里垃圾量较大，气味也大，垃圾桶应该有盖子并且放置在方便倾倒，又隐蔽的地方。门板式的垃圾桶和台面垃圾桶会很臭，虽然美观但是用起来并不方便。如果有条件的话，例如所居住的小区实行了垃圾分类，应该安置干湿两个垃圾桶，湿的放在外面，干的可以放在水槽下面的柜门里。

8. 厨房煤气

不要移动煤气表，煤气管道不得做暗管，热水器的位置要经过通盘考虑，最常使用的是厨房龙头和浴室花洒，这两处不要离煤气表太远。

图片提供：宜家中国 www.ikea.com

虽然没什么可食用的价值，但那种蓬勃的生命力会让人觉得天空晴朗希望无限。有时我还会利用它们的长势来进行占卜，当然每一次都因为它们的欣欣向荣而有抽到上上签的喜悦呢。

不过，种植角的植物要及时清理，不能变成厨房的卫生死角，尤其是夏天，不当心就会成了蚊子的生长池塘可就不妙了。

厨房里的种植角

在厨房里种一些小型的植物不仅可以美化环境改善空气质量，而且如果这些植物可以食用的话，有时还能给你的餐桌增加更多的乐趣。

1. 西式香草

小盆的薄荷、迷迭香在淘宝比比皆是，买几盆来放在窗台上，即能散发出迷人的香气，还能用来做菜。尤其是薄荷叶子，越掐长得越多，做好菜之后放几朵用来装饰餐盘，普通的菜也会显得文艺又清新。

2. 豆芽麦青

用一次性的餐盒来种豆芽和麦青最合适不过，而且，据说还能辨别出是不是转基因豆哦，因为转基因的豆豆是不能发芽的。麦青的种子有一种是纸型的，淘宝上也可以买到，用自己种的麦青榨出青汁来喝，还可以做饼呢。

3. 菜头萝卜苗

大白菜的菜头、带叶的萝卜头不要丢掉，用一只盘子装点水种起来，会长出漂亮的叶子，

Tips

厨房清洁小贴士

1. 每周最少清洁厨房一次。
2. 每月彻底清洁油烟机一次，并检查烟道是否畅通。
3. 厨房的地面用专门的拖把每天清洁一次，不然厨房里的油腻物会被带进客厅，影响卫生。
4. 水槽每日清理，清洗过油腻的食物以后用洗洁精清洗一次，或者用柚子皮煮一锅水清洗也有不错的护理效果。
5. 市售的厨房去油湿巾蛮有效的，但使用时一定要带手套，之后最好用湿布再擦拭一下。
6. 清洁不锈钢表面用干湿两块布，一手一块，湿布擦完后用干布迅速抛光，效果显著。
7. 灶台和水槽要及时清理，趁热的时候将污垢用湿布擦掉很容易，一旦冷却油脂凝固，就事倍功半了。

采购餐具 02
优雅和实用并存

02

采购餐具 优雅和实用并存

逛街的时候，精美的瓷器常让人流连忘返，欣赏它们是我的爱好。可是，在家里日常使用的餐具和那些像艺术品一样精美的餐具是有区别的。

选购日用餐具，有以下几点要则先唠叨一下。

1. 餐具的材质会直接影响你的健康，多问多看自己判断，耐热玻璃和陶瓷的比较健康，密胺和塑料餐具能不用最好不用，不锈钢的请注意材质。

2. 餐具的器形尽量选择一致的，这样在储存时可以高效使用空间。

3. 不要在有了宴请计划时再去匆匆选购餐具，往往会买来只用一次就不会再用的“奢侈品”。在最初选购日用餐具时就根据人数进行周到考量，一般家宴不会超过 10 人，购买时还需要备置备用品，以免打碎餐具后无从选配。合适的比例是 1：1.5，例如家里有三个人的话可以准备四份或五份。

4. 买餐具时最好上手拿一拿。饭碗是否趁手，菜盘能不能容纳汤汁，汤碗会不会烫手，这样在使用时会比较称心。

5. 常用的餐具最好内壁是白色的，装饰部分不要有金银。当然，只为特别的宴请准备、平时不太会使用的餐具不用担心这些。

6. 陶瓷耐酸碱，耐高温，但在多次抽检中，比例不在少数的陶瓷餐具铅和镉等重金属含量严重超标。为保证颜料与瓷胎结合良好，彩绘时

图片提供：宜家中国 www.ikea.com

会加入一些助溶剂，而助溶剂含有一定量的铅、镉等有毒性的物质成分。

7. 不锈钢是由铁铬合金掺入其他微量元素制作而成的，其中，铬可能混有铅、镉等有害元素，用不锈钢餐具进行烹调和盛装酸性食物时，铬、镍、铅、镉均会从餐具中析出溶入食物。铅可使人中毒，还影响儿童智力发育。镍和镉有引发癌症可能。切记千万不要用不锈钢制品熬中药。因为中药含有多种生物碱、有机酸等成分，在加热条件下，易与不锈钢中的金属元素发生化学反应使药物失效，甚至生成某些毒性更大的化合物。

8. 铝锅 + 不锈钢锅铲 = 慢性中毒。铝制品中含有铅、锌、铜等有毒有害金属元素，但它的主要危害还是铝本身。用铝制盒子蒸饭，米饭中铝含量可增加一倍；用铝锅煎炸食品，油中的铝可增加两倍。人体摄入过多的铝，会影响钙和磷的代谢，从而影响骨骼正常生理功能，形成骨质脱钙、骨软化、骨萎缩等。老年人摄入过多的铝，还容易骨折，或患老年痴呆症。所以不要用铝制品盛酸性或碱性食物，如果汁、西红柿和酒等。不要将食品长期存放在铝盒中。不能用铝锅煎药。更不要搭配使用不锈钢锅铲。不锈钢比铝锅硬度大得多，铲锅壁时，一些肉眼看不见的细微铝粒会进入你的饭菜中，致慢性中毒。当然，最安全的就是不要在烹饪和就餐时使用铝制品。

9. 好的密胺餐具是安全的，购买时请注意在餐具的底部是不是有 QS 标志，同时请注意在安全的渠道购买。

图片提供：宜家中国 www.ikea.com

介绍完跟健康大有关系的注意事项之后，我们来一起了解琳琅满目的餐具和锅具世界吧。

美丽的餐具

餐具有两种分类方式，一是根据材质来分，有玻璃餐具、陶瓷餐具、密胺餐具、塑料餐具、竹木制餐具和金属餐具等；一是根据菜式来分，有中式餐具、日式餐具、西式餐具和功能模糊个性十足的创意餐具。

家庭使用餐具不像餐厅，我们的储存空间有限，最好在确定材质之后选择那些可以承担更多角色的餐具。

首选是陶瓷餐具，它的种类较多，选购空间大，器形往往比较合理，一物多用的可塑性强。

玻璃餐具看起来精致时尚，但是很多器形比较不实用，而且不是所有的玻璃都可以急冷急热，稳定性不够。因此可以作为补充品，比如在吃甜品、摆放冷菜和水果时使用。

竹木制餐具看起来有种让人放松的愉悦感，但因为材质的缺陷，必须要在表面上漆。漆器本来是很安全的，我曾经在古墓发掘现场看见过两千多年前的漆器从泥水中挖出来，依然鲜艳夺目。但在我们这个快速消费的时代，好的漆器越来越少，纯粹作为装饰愉悦自己可以选择一些竹木制带漆的餐具偶尔使用一下，作为家庭的基础餐具天天使用，会有健康风险的。尤其是准备怀孕或者已经有了孩子的家庭，尽量不要使用，小孩子喜欢啃咬餐具，风险较大。

密胺餐具又被叫做美耐瓷，在超市和网购占据了主流，便宜，美观，又不容易敲碎，还是会有很多人使用。

我的公公婆婆曾经有十几年一直在使用密胺餐具，一个活到 76 岁因为先天的心脏问题去世，一个如今已经 80 岁还很健康，所以一味地认为密胺餐具会危害健康是太过绝对了。但选购密胺餐具的时候要注意它的光泽度和密实度，正规的美耐瓷餐具在碗底应该有“QS”标志。而且既然是仿瓷餐具，毫无疑问，应该有瓷的质感。再一个注意了解它的使用原则，不要用来长时间保存油腻的食物，不要进微波炉，不能用来加热，一旦发现表面不那么光洁开始变色，就果断丢弃。当然，如果你准备怀孕或家里有人在哺乳期，还是不要使用密胺、塑料和金属餐具为好。胎儿的发育过程十分微妙，犯不着涉险。

在确定了材质之后，下一步需要考量餐具的形制和数量。在形制上，因为我们日常获取的食材还是以中式的居多，所以选购基础餐具时，最好以中式的作为基础。中式的米饭碗是家里的基础，先选定它，并根据它的色彩形制来进行搭配，中号的西式餐盘既可以放意大利面也可以盛菜，适合大量购置。

米饭碗的秘诀

市面上能选购到的米饭碗大致有这样几种分类——中式、韩式、日式和创意造型的。

中式的米饭碗因为以前是手拉胚、手工上底的，所以碗底比较深。江南一带以前用得最多的就是景德镇产的饭碗，白底粉彩上面画着花鸟鱼虫福禄寿喜。还有一路是青花的，比较精致的就是青花玲珑瓷，解放后还有一路是万寿无疆系列的，图案固定，颜色不同。好看又好用的中式饭碗在西方文化思潮的冲击下，因为审美的陈旧被很多年轻人摒弃，不过现在很多年轻的手艺人开始用新的审美方法制作出柴窑手拉胚的中式饭碗，看起来质朴天然，跟新式的家居环境十分配搭。

韩式的米饭碗我觉得是最不好用的一种，但因为开模具制作十分方便，所以即使是内地的生产厂商也十分爱用，在超市里购买饭碗的时候这一类笨重、碗底浅、印花图案千篇一律的商品比比皆是，让人很是郁闷。韩国人吃饭是筷子和调羹一起上的，所以他们的饭碗不需要端起来，而我们的习惯是要把饭碗端在手上就餐的，虽然是小小的手势的变化，却看得出我们文化的差异，所以中国人的餐桌上用韩式的米饭碗，真的是一件很不顺手的事情。

日式的饭碗造型上和中式的很接近，但在陶土的材质上是有很大区别的。中国的瓷器为什么享誉世界，因为我们有独一无二的高岭土。严格说起来，用高岭土制作的叫瓷器，用一般

图片提供：宜家中国 www.ikea.com

的陶土制作的是陶器，瓷器轻盈薄透，敲起来声音清脆，而陶器厚重朴实，敲上去的声音也是扑扑扑的，两者之间的差异是城市里的清新小女人和山里的孔武大汉的区别。日式的米饭碗都是陶器，重重地上了釉，所以它本身就很重，再加上为了在米饭上盖牛肉或是鸡排，所以日式的饭碗会做得很大，要么就是十分秀气地很小，选购的时候一定要注意尺寸，并检核自己的饭量，不然的话，碗很漂亮，用起来却会不爽。

Tips

健康贴士

不要以为少吃饭就会瘦，米饭的热量与可乐和糖炒栗子比起来，不算很高哦。合理的膳食搭配是大量蔬菜、一碗米饭和少量的肉，尽量不喝汤，营养不够的话就加一点鸡蛋和豆制品，再每天步行两公里左右，自然会身体健康、心情愉快、大脑活跃。

菜盘的纠结

选好了米饭碗之后，就需要根据米饭碗的外形来搭配相应的盘子了。一张优雅的餐桌最怕的就是五颜六色五花八门，在颜色和风格上需要进行统一，而且还要考量你的餐桌和家庭装饰的风格。日式风格原木元素居多的家庭，自然合适使用麻质的台布和日式风格的餐具；简约风格的餐桌用韩式餐具比较契合；如果是高端的明式家具新古典主义风格的，摆出一整套的青花玲珑瓷餐具也很优雅。不过在流行混搭的今天，风格穿越也是可行的，统一的风格比较容易操作，混搭就需要高手了，不然的话，家里看起来像个杂货铺，女主人的气质也会受到一定的影响哦。

最安全的办法是先选购一些白色没有花纹的，深一点能容纳汤汁的，选中号六个、大号六个，基本上就够用了。人的审美眼光随着年龄的变化几乎每隔五年会有一次变化，为日后留一些购买空间比较好。

六个米饭碗，六只中号菜碗和六只大号菜盘，足够应付日常生活和简单的宴请。中号菜碗还可以替代面碗，而大号菜盘则可以替代意面盘，一样东西的用途最好在两种以上，这样厨房的空间会更加节省。

图片提供：宜家中国 www.ikea.com

四合一的汤锅和中式炒锅

《欲望主妇》里完美主妇的厨房，挂着大大小小的锅具看起来十分富足，但日常生活中，我们还是尽量简化为好，不然清洁工作会让人头疼。有一种四合一的汤锅十分好用，它本身是深汤锅，可以煮各种汤，轻松放入整只的鸭子和大块的汤骨；加上一个深深的内滤胆之后，就变成了意粉锅，煮面条下饺子，十分方便，而且只要轻松拿起内胆就完成了沥水的过程；这样的锅子配上蒸屉之后就成了有用的蒸锅；锅里放很多开水，饭菜热在蒸锅里，晚回来的家人可以随时吃上热饭热菜，又是个最棒的保温桶。

平时收纳的时候只需要一口锅的位置，却有四种很专业的用处，配上电子计时器，使用起来十分方便。

而在炒锅的比拼中，中式炒锅也频频胜出，有钢铝钢复合体的西式炒锅太重了，日常操作十分不方便，所以即使是欧洲的厨具品牌，也开始大量生产有着漂亮弧线的中式炒锅，这样的炒锅也可以配上合适的蒸笼，能体现多种用途。

如果早餐会吃一些汤羹类的食物，你还可以配一个单柄的小奶锅，泡面、煮一两人份的馄饨水饺、烧蛋花汤和酒酿小圆子，是神器。我就专门在厨房准备了一只搪瓷小奶锅，用来煮奶茶，很方便，而且使用下来，搪瓷的锅子比不锈钢的好清洗易保养哦。因为价格便宜，还可以经常换换花样图个新鲜。

还有一个不能忘掉的神器，就是单柄平底不粘锅，煎蛋、烤香肠和鸡翅、做蛋饼，它的用途会在后面细细告诉你。不过在购买的时候注意涂层对健康的影响，不要看广告，要对比实物哦。

图片提供：宜家中国 www.ikea.com

图片提供：宜家中国 www.ikea.com

刀的秘籍

电视购物最成功的营销案例一个是记忆棉的床垫，还有一个估计就是不锈钢刀具了。成套购买的刀具看起来十分高大上，配上附赠的刀具架，显得很有腔调，但实际使用起来却很不实惠，套刀中的很多刀是用不上的，木制的刀具架如果受潮了，又容易霉变，影响健康，而附赠的磨刀棒有些妈妈根本就不会用。

所以我们要理智！

一把结实的中式菜刀，行走江湖十分威武。刮鱼鳞、切菜、砍鱼骨，都可以胜任。而欧洲牌子里的中式菜刀是不能切鱼骨的，一切就卷刃了，可杀鱼的时候先拿一把刀刮鳞，再换一把刀切鱼，真的很不方便。至于那把削铁如泥的砍刀一年也用不上几次，在买鸡鸭鱼肉的时候，请服务人员帮你切切好，不是更方便吗？

不过，锋利的西式菜刀也不可以小瞧哦，用它切西红柿和青椒，非常顺手，片西瓜也手到擒来，作为厨房里的熟刀，也很好用。

一把有锯齿的厨房多用剪刀也是必不可少的，最后再配一把小巧的水果刀，基本上你的兵器就很齐全了。

现在我们再去配备一些重兵器，就可以披挂上阵了。

厨房电器 事半功倍好帮手

打算撰写这一段的时候我特地走进自己的厨房，清点了一下所谓的厨房家电：电水壶、电压力饭煲、蒸蛋器、豆浆机、果汁机、多功能料理手、电蒸锅、电煎锅、微波炉、酸奶机、面包机，共计 11 项。常用的电水壶、电饭煲、微波炉和电蒸锅放在台面上，其他的收纳在橱柜中，一周使用的次数不足一次。

这里面有些是开会发的，有些是朋友送的，还有是一时冲动购买的。

很多人家还有多士炉、咖啡机、空气炸锅、洗碗机、消毒柜、烤箱等等。从功能上说，这些厨房电器都有存在的必要，但如果根据你的生活习惯来分析，十天当中都不会用一次的话，基本上说明你并不需要它。

厨房电器这些年的发展十分快，被称作“白色家电”的这一类，因为功能分得很细，又不断推陈出新，经常通过广告给人们描绘出幸福生活的美好前景，而所需花费又不多，引得人们有一种隔一阵子就会去买一件的冲动。

现在，我先针对我家的厨房来进行减法的整理。

电水壶和电压力饭煲是每天都会使用三次以上的，属于必需品；蒸蛋器、电蒸锅和微波炉的功能与四合一的意粉锅重合，可以省略；

豆浆机、果汁机和多功能料理手的功能也有重合，只需留下一样。市售的多功能食物处理机往往有很多功能，只需购买你需要的功能就可以，比如早餐想喝果汁和豆浆的，看一下机器里是否有过滤的罩杯；而喜欢自己制作一些养生粉的，则需要有粉碎机的功能；如果需要给婴儿制作辅食的，需要手持的料理手；这样的机器一台足以。

制作酸奶的功能在电压力锅里居然有，面包机可以对面包进行再加热，所以多士炉就不需要了；烤箱可以制作很多简单美味的菜肴和点心，所以如果你没有面包机、多士炉和微波炉，而你又喜欢吃新鲜的面包和自制的饼干，就可以直接购买烤箱，省略那些简易的替代品。旋风烤箱虽然价格比较昂贵，但效果好，如果下定决心要买烤箱，可以多准备一点预算，一步到位。

洗碗机对于年轻的家庭其实是很需要的，筷子和砧板也可以放进去清洗烘干。但水槽里的垃圾粉碎机就是神话了。我们中式的餐余垃圾油脂比较多，虽然固体的食物残渣被粉碎冲走了，但油却会粘连在水管壁上，时间一长，会散发异味，久而久之还会孳生细菌，蟑螂蚊虫也会喜欢这富营养的环境。动动手把垃圾倒进垃圾桶，这点时间总还是有的吧。

多用的碎菜机

年轻夫妇的家庭，切配是个很大的问题，多用的碎菜机不需插电，可以轻松切出漂亮的菜，还可以榨橙汁、处理婴儿辅食、剥玉米粒，是十分实用的厨房帮手。

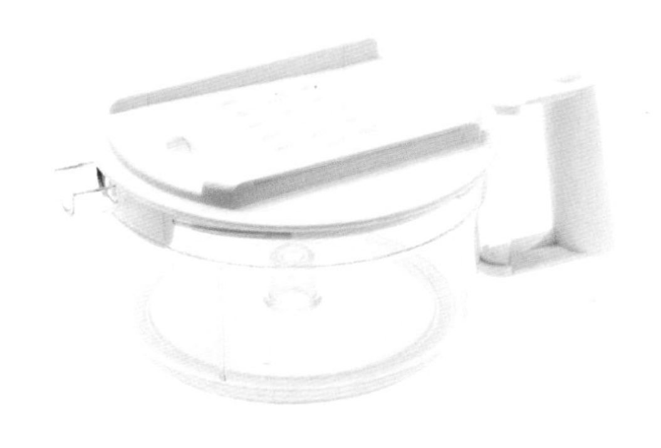

生了孩子以后很多人会去买婴儿辅食料理机，其实制作婴儿辅食需要的无非是磨泥、切碎和榨汁。这些日常的器具都可以完成，不需要重复购买。

婴儿的餐具也会是很大的支出。不要被广告和外表迷惑，一把软勺、一个可以在加热座上加热的搪瓷平底双耳碗是最实用的。孩子就餐的良好习惯不是靠餐具培养出来的，需要的是大人的循循善诱和一以贯之的规矩。

03

调味品 不可或缺的魔法师

03
调味品
不可或缺的魔法师

美食家和吃货是完全不同的两种人，这从字面上就看得出来，美食家爱吃，但吃得有要求，有章法，是有点矜持的；吃货自然也爱吃，可是有点盲目跟从和随大流的兴奋感，吃得兴致勃勃，不计较得失。在调味品的方面，美食家讲究的是顺应事物的天性，用一点点独到的调味品来激发食物的潜能，而吃货则喜欢重重的调味品呈现出的活色生香的热闹气氛。为家人烹调菜肴，我们不需要声色犬马的热闹，而是要冷静地面对调味品，谨慎使用，在保证健康的同时突出美味。

中国人的饮食，对味觉一门，特别在意，于酸甜苦辣咸的五种基础味道之上，经过各种调味品配搭，组合出不下百种滋味。几千年来，我们的饮食不断吸收包容，百味杂陈，到今时今日，香草、香料、酱料、味汁，琳琅满目，学做菜，主要学习的就是使用调味品。会用调味品，就像一个女子学会了打扮一样，即使五官平庸，也能顾盼生辉，楚楚动人。

在我们 5000 年的饮食记录中，人事更迭几百代，调味品的历史沿革，却不过四个阶段：

第一代：单味调味品，用天然材料经过简单加工而成，比如海水晒盐，黄豆加盐酿制酱油，米酿成醋，辣椒磨成辣椒粉，采摘树木的果实和花、叶入菜等等，这种完全天然的方法讲究就地取材，如果是从远方传来的物品则身价高昂，只有王公贵族才能享用。这期间产生了许多秘方和独门秘笈，造就了很多神秘的名厨。

第二代：高浓度及高效调味品，如味精、甜蜜素、阿斯巴甜、甜叶菊和木糖等，还有酵母抽提物、

人工合成香精、化学香料等。这一类高效调味品从上世纪 70 年代流行至今。这些调味品使用极其方便，运输储存也很简单，而且相较天然调味品更加便宜，效果十分明显。曾经有一款鸡精打出“清水变鸡汤”的广告语，深入人心。它们的出现使食品工业快速发展，但也在一定程度上破坏了人的味觉，甚至是健康。

第三代：复合调味品。复合调味品是食品生产工业化的产物，如油咖喱、甜面酱、乳腐汁、花椒盐等等。将烹饪时才需要的调味料事前组合好，加工生产包装，回家烹饪的时候只需要放进相应的食材加热，就能变成一道热腾腾的菜肴。它的缺点是口味千篇一律，而且大量化学原料的使用无法保证食品的天然营养和健康。苏丹红事件让番茄酱、辣椒酱重重地跌了一跤，就是这样的例子。

第四代：纯天然调味品。纯天然调味品以提纯技术为前提，更以营养健康为重。将完全天然的调味品经过脱水提纯制成容易储存和运输的产品，让大家可以轻松买到全球的调味秘方，个个都能在自家的厨房变身御厨。目前这一类的调味品还没有得到全面的普及，但电子商务的介入让它的购买变得容易。不过它高昂的价格会让人思考，“我是去饭店吃一顿，还是用放心的食材为自己的家人做一顿饭？”这种时候，你需要的是摆脱钱的性价比，而更多地考虑家人的健康，以及一家人在温馨的家里就餐后留下的美好记忆。

香的秘密

带来香气的，首先是食材本身，然后就要借助香草和香料：用香草做菜，不仅可以让食物变得美味，且在美丽香草的点缀下，餐桌也充满了浪漫；那些带有古典风情的香料，历史悠久，不容忽视，会让你的菜充满神秘感。

了解最常见的香草

香草是各种植物的叶子。它们可以是新鲜的、风干的或磨碎的。香料是植物的种子、花蕾、果实、花朵、树皮和根。香料的味道比香草浓烈得多。有些情况下，一种植物既能用于生产香草又能用于生产香料。有些调味品由多种香料混合而成（例如红辣椒粉），或者由多种香草混合而成（例如五香茶叶蛋的调味袋）。在饮食、烹饪和食品加工中广泛应用的，是用于改善食物的味道并具有去腥、除膻、解腻、增香、增鲜等作用的产品。

以下这些香草经常会在各种菜谱中读到，是比较基本的种类，在超市和网店里比较容易找到。

罗勒：罗勒看起来是带着意大利风情的异国香草，其实在我国被广泛种植，例如在广东海丰，会用罗勒来制作擂咸茶。它的嫩叶可以拌色拉，也可以用来泡茶，味道类似于茴香，有驱风、芳香、健胃及发汗的作用。做菜的时候可用在做比萨饼、意粉酱、香肠、汤、番茄汁、淋汁和沙拉的调料。许多意大利厨师常用罗勒来代替披萨草。罗勒也是泰式烹饪中常用的调料。干燥罗勒可以和薰衣草、薄荷、马郁兰、柠檬马鞭草共 3 大匙制成解压花草茶。罗勒非常适合与番茄搭配，不论是做菜、熬汤还是做酱，风味都非常独特。罗勒还可以和牛至、百里香、鼠尾草混合使用加在热狗、香肠、调味汁或比萨酱里，味道十分醇厚。煮豆腐汤时放一点也会有不错的效果呢。

月桂叶：在神话中常把月桂和阿波罗联系在一起，是阿波罗心爱但得不到的女子。拉丁语中月桂是赞美的意思，所以在奥运会上会给获胜者带上月桂叶做的桂冠。其实桂树原产我国喜马拉雅山东段，在我国西南部很多地方还有野生桂树。桂树的叶子晒干制成香叶，即月桂叶，在我们的超市中大量销售的时候叫做香叶的比较多。而桂花也是中国人传统饮食中最甜美的香料之一。整片风干的月桂叶可以为炖菜和肉类增添特殊的香气，不过请务必在上菜前拿走月桂叶。

莳萝

细香葱：细香葱就是我们常说的葱、小葱、青葱，它的气味清淡，既可作为菜肴的装饰，也可以起到一定的调味作用。

莳萝：莳萝又叫洋茴香，原产于印度，曾经用来在临产时助产，可见是一种会造成子宫收缩的香草，所以孕妇尽量远离哦。莳萝属于欧芹科，莳萝草是风干的、柔软且有茸毛的莳萝叶子。莳萝香气近似于香芹而更强烈一些，有点清凉味，温和而不刺激，味道辛香甘甜。适用于炖类、海鲜等佐味香料。莳萝种子的香味比叶子浓郁，更适合搭配鱼虾贝类等。

薄荷

薄荷：薄荷既有新鲜的，也有风干的，可以用于蔬菜、水果类菜肴中，还可以用来泡茶。鲜柠檬片和新鲜薄荷叶一起泡在玻璃壶里，喝的时候加一点蜂蜜，是十分芬芳的下午茶，而且还能帮助增强抵抗力、预防流感呢。薄荷很容易种植，种一盆在厨房里，不仅方便使用，还可以净化空气，而薄荷优美的姿态也会让人心情愉悦。但有很多薄荷品种是不能食用的，购买时请注意选择，很多超市里有小袋的薄荷鲜叶购买，买回来以后摊晾干燥，放在保鲜盒里备用，也很方便。

披萨草（牛至）：因为意大利人喜欢把它放在披萨中使用，所以又叫披萨草，而在中国东汉时期，就开始把它当成一种中草药来使用了。牛至的别名很多，白花茵陈、小叶薄荷、琦香等等，从名字就可以看出它的气味很重，极易盖过清淡的菜肴。牛至含有抗生素的成分，目前正被很多科研人员作为新的抗生素的来源加以研究。

欧芹：又叫香芹、荷兰芹，在饭店吃饭的时候，常会在盘子的一角看见它独特的身姿。家庭使用，一般也是用于装饰，或者可以拌在色拉里。它还有一个妙用，如果你吃了葱姜蒜，吃一点欧芹会没有口气哦。购买的时候要选择绿色且带有清新香气的欧芹，仔细清洗，甩去多余的水，用纸巾包裹欧芹，放入塑料袋冷藏，使用时再取出来。

欧芹

迷迭香：尽管迷迭香不能很好地与其他香草配合，但特殊的香气却让它成为肉类、家禽腌制或烧烤的首选配料。迷迭香的名字看起来十分妖娆，但它的长相却是很低调的。古代人认为迷迭香可以增加记忆力，而现代科研人员却发现迷迭香有很强的抗氧化作用，而且在室内种植迷迭香可以很好地净化空气。

鼠尾草：新鲜鼠尾草的香气比风干的浓重许多，但两者都可以与野味、家禽和馅料很好地配合。鼠尾草非常适合跟奶制品和油腻食物一起烹饪，有时也会加入葡萄酒、啤酒、茶和醋当中。鼠尾草的味道浓烈，用量不宜太多，以免掩盖其他配料的味道。由于鼠尾草不耐高温，也不宜长时间烹制，所以可以在烹制过程即将结束的时候再加入。

百里香：百里香常用于蔬菜、肉类、家禽、鱼类、汤和奶油沙司中，为其增添风味。英国百里香是最受欢迎的一种。在中国，百里香被称为地椒、地花椒、山椒、山胡椒、麝香草等，产于西北地区。尤以宁夏南部山区较为集中，当地人在端午节之时集中采摘晾晒储存，等六月炎热到来之时泡茶。元朝的《居家必用事类全集》中，记有用百里香加入驼峰驼蹄调味的烹饪方法。李时珍《本草纲目》记载："味微辛，土人以煮羊肉食，香美。"百里香原产于地中海，它的香气必须经过较长时间的烹调才会激发出来，所以在刚开始烹饪的时候就要放进去。还有一种法式百里香，味道更加浓郁。

走近最基础的香料

多香果粉：这种香料有着肉桂、肉豆蔻、丁香的混合香气，因此而得名。

红辣椒粉：和咖喱粉一样，红辣椒粉也是由辛辣的香料和磨碎的红辣椒混合而成。（西式的红辣椒粉是复合的，和中式的红辣椒粉不一样，后者就是磨碎的干红辣椒。）

肉桂：桂树的皮，在很多超市叫做桂皮，磨碎的桂皮主要用于甜点，而整块桂皮则可用于为苹果酒和其他热饮调味（味辣）。

孜然：孜然又叫安息茴香，我们最常遇见它是在制作牛羊肉的菜肴时，尤其是街边的烤羊肉串因为孜然而散发出迷人的香气。

咖喱粉：咖喱粉由多种香料混合而成，包括姜黄、小豆蔻、孜然芹、胡椒、丁香、肉桂、肉豆蔻，有时还有生姜。辣椒使它辛辣，磨碎的干大蒜则赋予它浓重的口味。咖喱是根据其不同的用途，选择不同的香料来混合的。

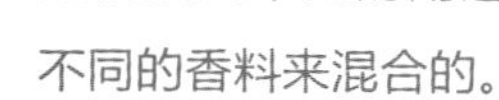

生姜：生姜是中国人厨房里少不了的香料，只要烹调荤菜都会用生姜去腥，生姜还有很多的药用价值，驱寒可以喝生姜红糖水，这几乎是每个中国家庭都在使用的秘方。

肉豆蔻：这种香料带有辛辣的香气，以及一种温暖的、微甜的口味，常用于调味烘焙的食物、蜜饯、布丁、肉类、沙司、蔬菜和蛋奶酒。

藏红花：藏红花又叫番红花，明朝时传入我国，《本草纲目》将它作为一种名贵药材进行了记载，西餐中这种芳香的香料主要用于汤和米饭中。中医认为它有活血散瘀的作用，所以，孕妇慎用。

藏红花

了解五味的来源

中国人最喜欢说酸甜苦辣咸这五种味道，而在赞美一个人的饮食质量时会说“吃香的喝辣的”，此处的辣是指白酒，而“吃香的”则泛指吃一切好吃的东西。“香”这一个词足以表现出食物的美好美味，而香的来源则来自于食材和调味品的完美结合。这个度是需要天赋和经验来促成的。

调味品中的特殊成分，能除去烹调主料的腥臊异味，突出菜点的口味，改变菜点外观形态，增加菜点的色泽，并以此促进人的食欲，杀菌消毒，促进消化。

了解调味品的特性，才能掌握好这个度。

咸味

咸味的主要来源是食盐，而咸的味道能让人开胃。但太咸了就会发苦，所以在经验还不足的时候，放盐可以一边放一边尝。咸味调味品有盐、酱油、酱类制品。所以对于要放好几种咸味调味品的菜来说，要先放酱料，最后再用盐来调整咸度比较安全。

甜味

甜食让人有幸福感。甜味调味品有食糖（包括白糖、红糖）、蜂蜜、饴糖、冰糖等。糖还能提鲜，所以会放糖的菜就不必再放味精了。

酸味

食醋、番茄酱、变质的酱油和酒，都可以作为酸味调味剂，常见酸味的主要成份是醋酸（乙酸）、琥珀酸、柠檬酸、苹果酸、乳酸。有机酸，是一种弱酸，能参与人体正常的代谢，一般对人体健康无影响，能溶于水。酸的味道让人的唾液大量分泌，有助于进食。

辣味

辣味刺激人的味蕾，让人产生食欲。

辣椒、胡椒、生姜、葱蒜都能带来不一样的辣味。

鲜味

味精、鸡精、虾籽、蚝油、虾油、鱼露等都有鲜味，鲜味让一道菜得到升华。但人工的鲜味会让每道菜产生相似感，只有用各种高汤和天然食材的鲜味的烹调，才会让人的味觉产生富足感。

香味

香味调味品有茴香、桂皮、花椒、料酒、香糟、芝麻油、桂皮酱、酱油、丁香花、玫瑰花等。闻起来香，吃起来才会更有动力，这是人类赖以生存的本能。在食物匮乏的年代，我们通过嗅觉来寻找食物，现在食物的获取比较容易，但我们还是会下意识地寻找那些让我们觉得愉悦的香气。

苦味

苦味的来源有茶、咖啡、苦瓜、莲蕊等。淡淡苦味的食物一般都会有清热的效果，检测它的酸碱度，一般都是碱性食物，对身体的酸碱平衡很有帮助。所以苦味并不一定都让人产生排斥感，这也是人类的求生天性在寻找让自己的健康平衡的食物吧。

香料购买　验明正身

八角茴香

正品 果实多由 8 个骨朵果组成，放射性排列于中轴上。骨朵果长 1 ~ 2 厘米，宽 0.3 ~ 0.5 厘米，高 0.6 ~ 1 厘米。外表红棕色有不规则皱纹，顶端呈鸟啄状，上侧多开裂。内表面淡棕色，质硬而脆，气味芳香，味辛、甜。

伪品 果实常由 7 ~ 8 个较瘦小的骨朵果呈轮状排列聚合而成。单一的骨朵果长约 1.5 厘米，宽 0.4 ~ 0.7 厘米，前端渐尖，略变曲，果皮较薄。具特异香气，味先微酸而后甜。

花椒

正品 为 2 ~ 3 个上部离生的小骨朵果集生于小果梗上，每一个骨朵果沿腹缝线开裂，直径 0.4 ~ 0.5 厘米，外表面紫色或棕红色，并有多数疣状突起的油点。内表面淡黄色，光滑。内果与外果皮常与基部分离。气香，味麻辣而持久。

伪品 为 5 个小骨朵果并生，呈放射状排列，状似梅花。每一骨朵果从顶开裂，外表呈绿褐色或棕褐色，略粗糙，有少数圆点状突起的小油点。香气较淡，味辣微麻。

桂皮

正品 外表呈灰棕色，稍粗糙，有不规则细皱纹和突起物，内表红棕色，平滑，有细纹路，划之显油痕。断面外层棕色，内层红棕色而油润，近外层有一条淡黄棕色环纹。气香浓烈，味甜、辣。

伪品 外表呈灰褐色或灰棕色，略粗糙，可见灰白色斑纹和不规则细纹理。内表面红棕色，平滑。气微香，味辛辣。

小茴香

正品 双悬果呈圆柱形，两端略尖、微弯曲，长 0.4 ～ 0.7 厘米，宽 0.2 ～ 0.3 厘米。表面黄绿色或绿黄色。分果呈长椭圆形，背面 5 条隆起的纵肋，腹面稍平坦。气芳香，味甜、辛。

伪品 分果呈扁平椭圆形，长 0.3~0.5 厘米，宽 0.2~0.3 厘米。表面棕色或深棕色，背面有 3 条微隆起的肋线，边缘肋线浅棕色延展或翅状，气芳香，味辛。

姜

正品 呈圆柱形，多弯 ，有分枝。长 5 ～ 8 厘米，直径 0.5 厘米。表面棕红色至暗褐色，有一半节，每节长 0.2 ～ 1 厘米。断面灰棕色或红棕色，气芳香，味辛辣。

伪品 呈圆柱状，多分枝，长 8 ～ 12 厘米。直径 2 ～ 3 厘米。表面红棕色或暗紫色，有环节，节间长 0.3 ～ 0.6 厘米。断面淡黄色。气芳香但比正品香气淡，味辛辣。其所含挥发油对皮肤及黏膜有刺激作用。

Tips

调味品保存贴士

经过加工的调味品只要没开封，在包装袋上的保质期前就是安全的。可是，当包装袋打开之后，食物还能放多久呢？下面为你列举一些调味品开封后的保存时间：

1. 番茄沙司：没开封，1 年。开封后，放入冰箱 3 个月内用完。

2. 蛋黄酱：没开封，2~3 个月。开封后，冰箱里 1 个月。在开封后一定要放进冰箱里，千万不要把蛋黄酱放在冰箱外超过 2 个小时。

3. 芥末酱：没开封，2 年。开封后，在冰箱里储存不要超过 3 个月。

4. 植物油（包括辣椒油、花椒油等）：没开封，6 个月。开封后，1~3 个月。打开后的油最好要放在冰箱里。

5. 辣椒酱：没开封，1 年。开封后，橱柜中放 1 个月，冰箱里能稍长一些。

6. 酸奶油：没开封，冰箱中 2 周。开封后，请即刻放入冰箱冷藏不要超过 1 周。

7. 沙拉酱：没开封，10~12 个月。开封后，冰箱中放置 1 个月以内用完。

8. 果酱：没开封，1 年。开封后，放冰箱冷藏 3 个月用完。

9. 花生酱：没开封，6~9 个月。开封后，尽量冷藏 3 个月用完。

好记性不如烂笔头，用记号笔在外包装上标示出开封日期，这样才能更好地保证安全。也可以放进密封容器保存，然后在容器上贴上标签，注明打开日期和到期日期，这样才安全。

Tips

调味品购买贴士

1. 网络谣言纷纷，说内地大量的酱油不是酿造的，是用头发通过化学方法提取氨基酸之后勾兑而成的，不知真假。不过，买酱油的时候注意看清楚成分很重要，真正的酿造酱油成分里只有盐、豆和小麦，还要注意大豆是不是非转基因的。如果写了谷氨酸钠的，就要注意了。

2. 生抽颜色淡味道鲜，老抽味道浓颜色重，前者调味提鲜，后者加香上色，还有专门的寿司酱油、生鱼片酱油和宴会酱油哦。

3. 辣酱油不是酱油，而是一种特别调制的酱汁，特别合适配炸猪排。这种酱汁在做菜时起锅前放一点也可以提鲜。

4. 醋有米醋果醋和白醋之分，购买的时候同样需要看清楚它的成分，天然酿造的对身体有好处，醋精调制的去垢能力比较强，都有用处。

5. 盐的成分有岩盐、海盐、井盐、湖盐等，天然的盐含有对身体有益的矿物质，购买时请注意看包装上的描述哦。

6. 胡椒用现磨的比较香，有些胡椒粒的瓶子自带研磨器。

图片提供：易果生鲜 www.yiguo.com

五色蔬果 采买看仔细 04

04

五色蔬果采买看仔细

我们需要蔬菜水果里面含有的维生素和膳食纤维，也需要蔬果来平衡身体的酸碱度，很多时候我们的味觉也需要蔬果的甘甜爽脆带来的清爽感觉。五颜六色的蔬菜水果是餐桌上的天使，但如果不了解天使的本性，也许它也会翻脸变成恶魔。

蔬果健康黄金法则

不买反季节的蔬果

新鲜做，新鲜吃，不过夜

仔细清洗，谨慎加热，保留蔬果的天然能量

蔬果的四时风情

在我小的时候，居住在山边的一个小镇上，这里四季分明，所以每个不同的季节可以吃到不同的蔬果。春天树头的香椿发芽了，那种特有的香气只在一年中特定的那几天能吃到，然后记上一整年。同样的，还有夏天的菜瓜和西红柿，秋天的柿子和冬天的胡萝卜，用井水洗一洗，就这么吃，每一季都有不一样的口感和滋味。

校门口有个老奶奶，会用小篮子拎着李子和杨梅来卖，那是她自己家果园里种的，可能品种不怎么样，所以经常会很酸，但有时，你真的会想念那种本地的李子毫不掩饰的酸涩滋味，而且和青橄榄一样那回味是很甘爽的呢。

现在，超市、网店和水果批发市场，让你一年四季想吃什么就能买到什么，可是，做一个顺应四时的购买者才是有智慧的。许久吃不到的东西，在经过纠结的等待之后，终于吃到了，会觉得更加美味。

冬季的蔬菜瓜果品种最少，常见的有大白菜、萝卜、豆芽、菠菜、生菜 、油菜、黄花菜等。秋末苹果橙子都上市了，现在都用冷库存储封蜡运输，在购买时要注意分辨。能追根溯源的品种相对会比较安全。或者过了 12 月就用蔬菜代替水果，多吃些粗粮，不吃水果也没什么问题。与其吃不新鲜的反季节的水果，不如不吃，这是我的观点。清火解毒酸碱平衡，吃大白菜是很好的方法。冬季新鲜蔬菜的种类少，可以多吃豆制品和海洋蔬菜，紫菜、海带、裙带菜都有干货，安全又方便，营养也很丰富。

大厨教你做

The Master Chefs Teach You

海鲜大白菜

备料：

大白菜、无盐奶油、开洋、高汤、黑胡椒碎、台湾米酒、红辣椒、蒜片、盐、白胡椒粉、25x25cm 的锡纸两张

做法：

1. 烤箱预热，200 度。
2. 平摊锡纸。
3. 把大白菜洗净撕碎放在锡纸上。
4. 把备好的调料一起放上去，然后包裹起来。
5. 将包好的大白菜包放进预热好的烤箱烤 10 分钟。

鲜美多汁的海鲜大白菜完成！

01

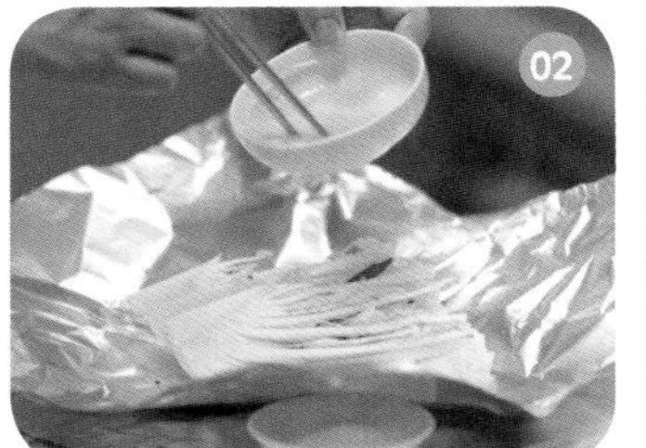

02

03

04

很快春天来临，春天的蔬菜有油菜、菠菜、韭菜、莴苣、卷心菜、葱，其余的全是大棚蔬菜。5月左右有春季的黄瓜，水果有草莓、樱桃。6 月左右有桃子、杏子、李子，而桃子按品种从 6 月一直可以产到深秋。

7 月核桃 8 月梨，9 月柿子，这里的月份都指中国农历。

在夏天，蔬菜几乎都能买到，如黄瓜、西红柿、茄子、韭菜、莴苣、四季豆（芸豆）、小白菜、扁豆。夏天的水果也多，西瓜是主要品种，各种瓜、葡萄等等，这些都是可以一直到秋天的。葡萄早的在 7 月成熟，晚的到秋天。苹果早的是甘肃陕西的花红，还有那种小的山东嘎啦苹果最普及（早熟的一般都是比较小身形的品种），晚的在 9 月，而新疆的苹果一般11 月才会成熟。梨有早熟的品种，和早熟的苹果一样，也是持续整个秋天的。内地的水果基本在夏秋集中上市，葡萄、枇杷、杨梅、杏、柿子之类的目前基本都顺应季节在出产。香蕉的问题比较大，很多是催熟的，现在众说纷纭，优劣难辨。如果不是特别爱吃香蕉，可以回避这个品种，很爱吃的人，不妨把香蕉烤来吃。

史上最简单美味、缓解便秘良方——烤香蕉

1. 烤箱预热 200 度。
2. 将香蕉放进烤箱考 10~15 分钟，以皮全黑为标准。
3. 小心剥开香蕉外皮，放进盘子，淋上酸奶。
4. 给孩子吃的话可以用勺子压一压，就成了美味的香蕉酸奶了。

那么，很多人会问，违反季节规律的蔬菜究竟从何而来，主要在哪些地方发生了变化，既然大家都觉得反季节蔬菜不好，又为什么要生产销售呢？我们不妨先来了解一下反季节蔬菜。从来源来看，所谓的反季节蔬菜无非有三类，一类是从遥远的南方跋山涉水运送而来的蔬菜，第二类是从冷库里搬出来的应急储备，第三类则是大棚蔬菜。

为了验证反季节蔬菜生长的必要性，秋末冬初，我特地在自家阳台种植了青菜、萝卜和黄心菜。关心过我微信直播阳台种菜的朋友会发现，种子种下去到发芽差不多要半个月，这之后的一个月它们还维持着幼小的状态。冬日的阳光照耀着它们，我认真地浇水施肥，可是要想在今年冬天靠这一盆菜换取安全的营养，就这生长速度恐怕很难。那么，全国那么多张嘴每天等着吃新鲜蔬菜，靠天然有机的方式肯定是无法提供给所有人足够的品种和数量的。于是，我们需要改善它们生长的温度和湿度，用一些技术手段让植物们以为快速生长的季节已经来临，蔬果在本该休眠的季节开花结果，提供产量。

所以说，为了满足市场需求，获取稳定的产量，反季节蔬菜应运而生，那些鼓吹有机种植的国家，毫无疑问，他们没有那么多张嘴需要填空。

当然，反季节蔬菜是会用植物激素的，特别是像黄瓜、番茄等果实类蔬菜。植物生长调节剂保证一根藤上结出尽可能多的果实。防落素之类的植物激素让幼果都好好生长不脱落，从而提高总产量。人为提高了温度和湿度的大棚，为害虫和病菌提供了繁殖的好机会，所以不喷杀虫剂几乎不可能。我曾经在 12 楼种鸡毛菜，一夜之间被虫吃光，不喷药怎么解决？

好吧，如果你的家人不怎么挑剔，那么买那些安全的当季蔬菜给他们吃，菜的品种可能会千篇一律，试着不停搭配，产生新的菜谱，以免他们厌倦。如果他们实在看厌了大白菜的模样，就去比较有规模和良心的超市，偶尔买一点反季节蔬菜帮助他们调节胃口，我想这是获取平衡和谐生活的小小技巧，生活不用太执著，健康固然重要，快乐也不容忽视啊。

大厨教你做

The Master Chefs Teach You

香蕉冰淇淋

备料：

香蕉、鲜奶油、牛奶、糖

做法：

1. 鲜奶油打发，最好用机器，杯子一定要干燥，才能保证发泡的效果。机器打发 10~15 分钟左右，奶泡会变得很有张力，筷子可以直立其中，就对了。
2. 香蕉碾成泥，和牛奶、糖一起搅拌均匀，加入奶泡中入冰箱速冻。
3. 没有放软化剂的天然冰淇淋吃起来不那么绵软，会有点碎冰碴，口感很清新哦。

水果刨冰

做法：

1. 将家里有的水果切成小丁。
2. 用刨冰机或搅碎机将冰块打成碎冰，堆成圆锥状。
3. 将水果丁盖满碎冰。
4. 淋上炼乳或者焦糖，完成。

吃不完的水果切成薄片放进烘干机，烘大约 30 小时就成了全天然的水果干。苹果烘干了的口感最佳。

Tips

清洗蔬果的秘诀

1. 买回来的蔬果取出包装放在露天处摊放，可以有效降解表面残留的农药。

2. 用流水冲洗蔬果的表面，去除可见的泥渍。

3. 将菜拆解后用淘米水浸泡 10 分钟左右。浸泡后用流水冲洗。

4. 蔬果能去皮的尽量去皮食用，不能去皮的像黄瓜一类的表皮凹凸不平的可以用干净的旧牙刷刷一刷。

5. 菌菇、西兰花、花菜、菠菜、芹菜、笋、四季豆等都可以用沸水过一下再烹调，生菜、鸡毛菜、广东菜心一类的汆烫一下拌着吃，既能保留更多的营养又能较多去除农药残留。

6. 草莓、桃子、苹果、橙子、梨等水果可以用烘干机烘干，这样既可以保存很长时间，也可以制成果酱，为漫长的冬天提供维生素。

自制橙子果酱

备料：

糖、麦芽糖、柠檬汁、橙果肉、腌过的橙皮丝

做法：

1. 橙子切块。
2. 橙皮和果肉分离。
3. 将橙皮用白砂糖腌 3 小时，腌到红橙色，切成丝。
4. 一只柠檬榨汁。也可以用橙汁替代，前者比较酸甜一点，后者橙味更重。
5. 将备好的白砂糖、麦芽糖、橙肉、橙皮和柠檬汁一起大火熬煮，沸腾后改小火，熬至黏稠关火冷却后装罐。密封冷藏可以储存 15 天左右。

大白菜、花菜、胡萝卜、白萝卜做成泡菜味道更好，还可以丰富冬季的餐桌。泡菜跟腌菜不完全一样，活性菌群对身体很有益处。

日式泡菜

01

备料：

蔬菜、米醋、水、糖、盐、蛇蒿叶、意大利香料粉、黑胡椒碎、茵陈蒿叶。

做法：

1. 将蔬菜洗净切好晾干。

2. 将同等分量的蛇蒿叶、茵陈蒿叶、黑胡椒碎和意大利香料粉装进茶包袋。

02

3. 将水和醋以 10：3 的比例制作好，根据个人喜好加糖，和香料粉包一起制成泡菜汁。将蔬菜和泡菜汁一起装进泡菜瓶，放进冰箱，一般两天左右就可以吃了。如果着急吃的话，可以将泡菜汁略加热，不要煮开，趁热加进蔬菜泡制，一天就可以成功哦。

03

图片提供：易果生鲜 www.yiguo.com

猪羊牛 05
力量早知道

05
猪羊牛
力量早知道

我不爱吃肉，鱼虾也嫌腥气，但我不是素食者。曾经少年时，有长达五年住校的生活，回到家就渴望一碗红烧肉，到现在我还迷恋那种夹肥夹瘦的口感和半甜半咸的滋味。而我身边，不乏无肉不欢的美女，看她们毫不造作酣畅淋漓地吃肉，会觉得人生很幸福。

对于家庭“户煮”来说，蔬菜的功夫主要在采买上面，买到新鲜放心的蔬果，仔细清洗干净了，烹调就变得不那么重要了，清炒汆烫凉拌生吃，有这么几板斧，足够解决问题。但吃肉的学问就大多了，采买不容忽视，烹调的时候如何利用调味品来发挥肉类的天性，也至关重要。所以，第一步，让我们来了解一下不同部位的肉的用途，爱肉的人，不了解你的挚爱，小心这一场爱变成孽缘哦。

猪肉细细分

去超市买肉，盒子上都会写清楚肉的名称，根据每天不同的烹调需要，选择你想要的肉吧。

五花肉：五花肉是猪腹肋排上面的一片肉，由肥膘与瘦肉层层隔开，所以它的名字是很形象的。好的五花肉是一层瘦一层肥再一层瘦再一层肥，然后是一片皮，是为五花。五花肉肥油多，瘦肉则很嫩，水份多。所以真正爱吃肉的老饕，都会爱五花肉。会做菜的人会取这里制作“狮子头”。

泡菜五花肉

好的五花肉，将肋排中的骨头直接抽掉，五花肉带肋排肉一起成为整块。这种肉，精肉多，层次多，肥而不腻，又称为“三层肉”。烧红烧肉的话这里就最合适了。

有些肉店会把五花肉切成薄片，用来在电煎锅里稍微烤一烤，然后直接蘸料吃，味道不是盖的。

去皮夹心肉：这一类肉也是最常见的，从它的名字看，只看得出一头雾水，实际上这就是猪腿位置的肉。

猪前腿的夹心肉，肉质比猪后腿肉嫩，买肉的时候可以很内行地问一下——这是前夹还是后夹？口感可不一样哦。前夹肉比五花肉有嚼劲，而且瘦肉多，肉理紧实，炒肉片肉丝，剁馅子做饺子都是最好的。

做法：

1. 将酱油、白砂糖、鸡高汤调好拌匀备用。
2. 大火热锅，手感觉到灼热时放入油。
3. 放进肉末煸炒到肉泛白，呈颗粒状。
4. 改中火，加花雕、蒜末、姜末爆炒至金黄色。
5. 放入豆豉炒十几下后再放进湖南辣椒酱。
6. 放进之前拌匀的调料，加入韭菜花和辣椒里继续煸炒。
7. 起锅。

备料：

夹心肉末 80 克、油 3 勺、花雕 1 勺、蒜末 2 勺、姜末 1 勺、阳江豆豉 14 克（称重后再泡水 2 小时，中间换一次水），湖南辣椒酱 2 勺、酱油 1 勺半、白砂糖半勺、鸡高汤 1 勺、80 克韭菜花切成玉米粒大的小段、小红干辣椒 5 个、麻油 2 勺

金牌蒜香骨

猪肋排：吃得精致就少不了肋排了。它是胸腔处的片状排骨。肉层比较薄，肉质比较瘦，口感比较嫩，但是因为有一侧连接背脊，所以骨头比较粗。靠近背脊的部分肉厚，靠腹腔的部分肉薄，肋排很香，稍微腌制，炸或者卤，用手拿着吃，最能体现它的美好。偷懒的做法也有，有一次我用丹麦的猪肋排，汆一下水以后，只放葱姜和清水，放在白瓷炖盅里隔水炖，汤鲜肉嫩，烹调简单，却获得全家人的赞誉呢。

猪软骨拉面

猪软骨：俗称“脆骨”，一般都是猪的骨头与肌肉的连接部。比骨头柔软，比肌肉硬。猪软骨含有大量的钙和磷以及很多人体所必须的营养物质，长身体的青少年特别合适，还有那些咀嚼爱好者，特喜欢嚼碎食物的感觉的，可以选择猪软骨。

猪颈肉：精于烹调的店家，现在几乎都会推出猪颈肉的料理，它位于猪颈两边，只有稍稍一点点，所以有“黄金六两”的名号。这个部位肉脂如雪花般均匀分布， 肉质鲜嫩，入喉爽口滑顺，因为油脂丰富，几乎八成的店家推出的都是碳烤的料理方法。猪颈肉含有丰富的优质蛋白质和人体必需的脂肪酸，并提供血红素（有机铁）能改善缺铁性贫血。不过，在家自制的话，它就不如烤五花肉片那么方便了。烤猪颈肉之前一定要先腌制按摩入味，然后炸至外焦里嫩，初入门的户煮们还是不要糟蹋这精贵的食材了，去店里吃吧。而且，中医上觉得猪颈肉是发物，有慢性疾病的人少吃为妙哦。

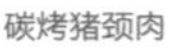

碳烤猪颈肉

里脊肉：一度，里脊肉是猪肉里的明星。杭州名菜糖醋里脊用的就是这一块肉。猪牛羊都有里脊肉，它特指的是牛、羊、猪脊椎骨上面的一块肉，质嫩筋少，都是瘦肉，加工性好，可切片、切丝、切丁，炸、馏、爆、炒都可，大家常看到的猪大排就是里脊的部分。烹调猪里脊肉，最好进行断纹切割，就是把肉的纹理切断，这样吃起来口感嫩，然后把切好的肉放进真空袋里按摩、腌渍入味，这样准备好的猪里脊肉放在冰箱里冷藏，吃的时候取用，很方便。

大厨教你做

The Master Chefs Teach You

糖醋里脊

备料：

里脊肉 1 块、油 2 大勺、青椒片 2 小片、糖和醋加番茄沙司调成糖醋汁、湿淀粉 1 勺、菠萝片 80 克、蛋液 2 大勺、太白粉 4 大勺

做法：

1. 将蛋液和太白粉搅匀，将切成条的里脊肉放入上浆。
2. 将里脊肉用油滑炒一下，约 1 分钟左右取出待用。
3. 热锅，加入油。
4. 煸炒青椒片。
5. 放入糖醋汁烧开，再倒进芡汁，搅动。
6. 将菠萝片、里脊肉放进去，炒七八下拌匀了起锅。

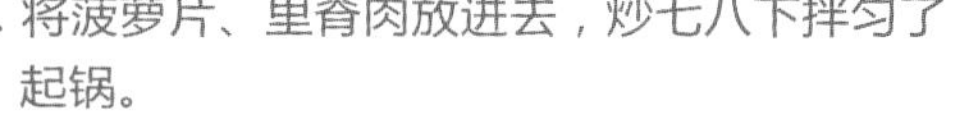

裹好粉的里脊下油锅炸制不要太焦

猪爪：猪爪分为前蹄、后蹄两种，后蹄因为着力重，故骨头大，肉质偏硬且柴，选购的时候最好选用前蹄，肉多且骨头相对较小。处理猪爪第一步是去毛，可以用镊毛的小镊子，一根根拔除，一般饭店因为处理的量大会用火烧的方法，但猪毛的根部会留在皮里影响口感。买猪爪的时候可以请店员帮你把猪脚尖的硬皮去掉，这样回来只需仔细清洗就可以。猪在运输及屠宰过程中，如果有碰撞，会导致猪爪上有淤青。这样在烧制完后，会在表皮上呈现黑斑，自己吃问题不大，如果家里要宴请，就要注意了。

汤骨：汤骨可不是一般的骨头哦，要选择那种两头圆中间细的大骨，才会有骨髓，购买的时候如果是整根的，最好请服务人员将它敲开，这样在熬汤的时候骨髓的营养才能析出。熬汤的大骨选择肉少的比较好哦，用深滤锅煮，煮好以后把滤锅拿出来，十分方便。熬好的汤用几个密封罐分装一下，煮面烧蔬菜的时候用，又营养又美味。

五更肠旺

大肠：美食家爱大肠的不少，但烹调大肠，去除特殊的肠臭味，是挺不容易的一件事。大肠最好的部分是“大肠头”，即是整根猪肠的前段，大约长 120 厘米的部位，这个部位肠壁厚，肉质多，口感好。清洗大肠先用面粉加水，将大肠内部的脏东西，以揉捻的方式，反复在流水下搓洗干净。然后再用大肠套小肠的方式，将相对较细的肠尾穿入粗一点的大肠内，这样切成片后，“双层大肠”的口感更有嚼劲，且弹牙。

牛肉记清楚

牛霖：指的是牛后腿的膝盖位置，因为这块肉的自然形状是圆的，所以也有厨师们称它“和尚头”。这个部位的肉肉质较嫩，不带肥脂，剔除筋后，肉呈大块状，易于成型，因此在烹制菜肴时这块肉用途较广。市场上，牛霖多用于切丝、牛柳，或切成大片状，做牛排用。制作牛霖的菜肴要先将它放进保鲜袋，加进酱料之后按摩一下，然后就可以烹调了。

牛霖

菲力：又叫嫩牛柳、牛里脊， 是牛脊上最嫩的肉，几乎不含肥膘，因此很受爱吃瘦肉朋友的青睐。由于肉质嫩，煎成三成熟、五成熟和七成熟皆宜。 6 个月的小牛菲力，产量少，肉质更为嫩滑，经过腌渍浸泡，用 180 度左右的油温煎至约七成熟，肉质有弹性，配上酱料，口味鲜美。

牛胸腩

牛腩：是指带有筋、肉、油花的肉块。牛腩是一种统称，若依部位来分，牛身上许多地方的肉都可以叫做牛腩。最主要的是牛胸腩和牛腹腩，胸腩肥油不多，腹腩就比较肥。

市面上的牛腩多数为了煮制时间短，采用小火煮制的方式，这种方式是从外到里熟制的方式，容易产生外型烂，又不易入味的状况。烹调牛腩最好的还是传统泡卤的方式。

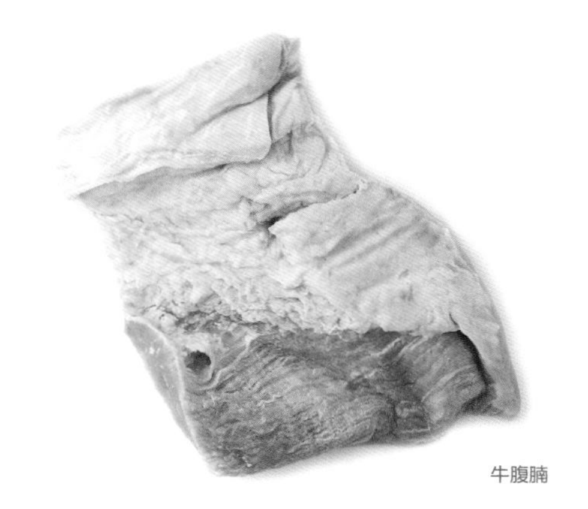

牛腹腩

卤牛肉

备料：

牛肉出水洗净、八角、肉桂、茴香、酱油、豆瓣酱、水、冰糖、鸡高汤、花椒、大白利沙司、白洋葱、蒜、香叶

做法：

1. 将所有原料放进高压锅，水开后压45分钟。
2. 泡在卤里冷却后放进冷藏箱过夜。
3. 牛肉取出改刀即可。
4. 牛肉汤备用，可制作牛肉面。

卤牛肉

铁板胶原牛肉

牛脸肉：因为一茶一坐的一道“胶原牛肉”而认识了牛脸肉，它的特点是虽然瘦，但非常之嫩滑，这是其他部位的牛肉所不及的！中国人爱吃活肉，这牛脸肉就是最活的肉了。它的缺点是绒毛太多，很不容易处理！和其他部位的牛肉相比，牛脸肉做成菜的过程长，工序复杂，常用烧烤等方式，烹调时间不宜过久，配以麻辣口味食用更加带劲。

肥牛：肥牛到底是什么？它的英文是 beef in hot pot，直译为“放在热锅里食用的牛肉”。既不是一种牛的品种，也不是单纯育肥后屠宰的牛，更不是肥的牛，而是经过排酸处理后切成薄片在火锅内涮食的部位，被称为“肥牛”。为了控制成本，市场上有很多组合的肥牛片。生产厂商用一半油一半瘦的方法把肉组合起来，然后压制成型冷冻切片，制成肥牛片。这样的肉片烧烤或是涮锅之后，会碎开，而自然生成的肉是不会散开的，价格自然也是不好比的。同样的原理也可以用在检验牛排上，市场上的牛排也会有组合的，将便宜的牛肉通过肥瘦组合制成有着漂亮花纹的高级牛肉。一切都是利益在驱动啊，所以，食材的部分，绝对是一分价钱一分货，没有捡漏的可能。

金汤肥牛

大厨教你做
The Master Chefs Teach You

金汤肥牛

备料：

荷兰豆 30 克、蟹味菇 20 克、黄油小火融化后取 2 勺、蒜片 10 克、姜片 4 克、新鲜红尖椒 12 克切成红椒圈、洋葱丝 35 克、金针菇 40 克、潮州咸菜 30 克、汆过水的肥牛片 100 克、鸡高汤取黄油部分 200 克

做法：

1. 荷兰豆取两头抽筋斜切一刀，和蟹味菇一起汆水后用冰水泡着。
2. 潮州咸菜切成片在净水中泡 20 分钟捞出。
3. 将肥牛片放入芡汁里浸一浸再汆水至泛白。
4. 黄油入锅将蒜片、姜片、红辣椒爆香后加入荷兰豆、蟹味菇搅拌，将金汤倒进去加热煮开搅匀，放进肥牛片、洋葱丝、咸菜和金针菇，煮开起锅。

小羊咩咩叫

家庭中最常见的吃羊肉的方法就是涮羊肉了，其实，红烧羊肉和炖羊肉汤一点也不难，而且味道好极了。生活中常见的羊肉有山羊肉、绵羊肉。山羊肉的组织紧实，适合红烧。绵羊肉油脂较多，口感绵密，适合涮锅。山羊肉的脂肪含量较绵羊肉低。带皮的山羊肉，皮肉鲜嫩、肥瘦适中、骨香浓郁、劲道十足，吃肉喝汤可以温补滋养，祛湿止寒。

大厨教你做
The Master Chefs Teach You
羊肉炉

备料：

羊腿肉、葱、姜、酒、胡萝卜、酱油、辣酱

做法：

原料一起放进高压锅压制 35 分钟，出锅即可。

牛肉验明正身

人体每天所必须的 22 种氨基酸，有 8 种是不能自己合成的，必须通过食物来取得，而牛肉恰恰含有这 8 种人体必需的氨基酸，而且，当你吃牛肉的时候，这 8 种氨基酸会被身体完整地摄取。所以越来越多的人开始爱上牛肉。

市场上牛肉的来源很多，尤其是很多高级的店，经常用进口牛肉来招揽顾客，更让很多牛肉充满了传奇的色彩。内地市场的牛肉分为两大类，一类是国产牛肉，一类是进口牛肉。一般觉得进口牛肉优于国产牛肉是不是如此呢？

其实，从品种上来讲，国产的牛肉是不输于进口牛肉的。山东的鲁西黄牛曾经作为国礼在上个世纪被周总理送去日本，它的肉有特有的大理石花纹，被称为“五花三层肉”，在日本售价高于一般的牛肉。

但为什么如今国产的牛肉在价格和美誉度上却没法和进口牛肉相比呢？这里面的奥秘不在于牛，而在人。进口的牛在屠宰以前会有三个月的育肥期，所谓的育肥期就是光吃不干活的快乐悠闲假期，有的牛还会听听音乐散散步放松心情，而国产的牛因为市场需求实在巨大，对这个育肥的阶段控制得没那么严格，养尊处优的牛和辛劳疲惫的牛自然会有区别。

进口的牛会进厂屠宰，宰杀之后还会进冷藏库进行排酸，牛被杀死时产生的毒素慢慢降解。而部分国产的牛是无人监管的小刀手随意宰杀的，屠宰环境不卫生，可能还被注了水，为了保住注水产生的利益，会将宰杀好的牛肉直接进行冷冻，有些牛根本就没有育肥期，可能前一天还在地里干活，或者因为病痛和衰老而被养殖户放弃，这样的牛自然没办法提供嫩滑可口的牛肉，甚至连食品安全也没法保证。

所以，购买牛肉，超市相对比较安全，有品牌的牛肉会更有保障。进口的牛肉则要看清楚它的原产国。我国正规进口的牛肉生产国只有澳大利亚和新西兰，日本、巴西、韩国的牛肉基本都是走私的，美国的牛肉也没有获准进口，所以那些看起来很传奇的牛肉，你是没有办法看清它的来源的哦。

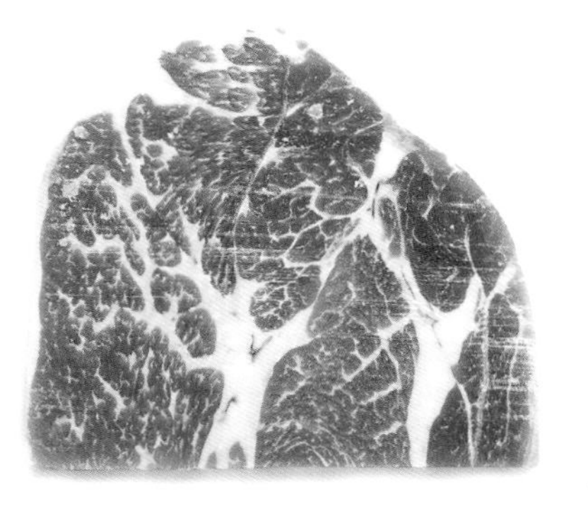

油花比较多的适合煎牛排

油花比较少的适合炒、炖、煮

排酸：让肉类更可口

中国人很爱吃肉，在饮食中，将肉放在很高的位置，请客吃饭，没有肉就没有了面子。虽然很多环保人士极力鼓吹素食的好处，但其实，人类的确需要肉类食物提供的营养，人的寿命，之所以不断超越纪录，百岁老人频频出现，我想，跟吃肉还是有很大关系的。

这不是没有科学根据的，科研人员在猪肉中发现一种独特的长寿因子，能让人获取更多长寿的能量，而且，这种因子目前只在猪肉中被发现。回想起我的爷爷、外公和奶奶，虽然经历了三年自然灾害和战争等动荡的生活年代，但都活到超过 90 岁的高龄，他们有一个共同点，就是正餐的时候无肉不欢，吃起口感滑嫩的红烧五花肉时，连年轻人也自叹不如。

但是，营养学家和医生又一再提出，肉是一种酸性食物，对人体有很多潜在的威胁。两难之中，排酸肉的出现解决了大问题。

详解肉类排酸技术

超市、农贸市场出售的鲜肉中，很多都打着“排酸肉”的牌子。这种肉虽然比普通的鲜肉贵，但好熟易烂、味道鲜美，受到大部分消费者的欢迎。到底什么叫排酸肉，它对人体健康究竟有什么好处呢？

我们平时所吃的鲜肉，很容易受到微生物的污染而腐败变质。但如果在牲畜被屠宰后及时进行冷却处理，使肉的温度在 24 小时内降到 0℃ ~4℃，并在以后的一系列加工、流通和销售过程中始终保持这个温度，就能够抑制肉中酶的活性和大多数微生物的生长繁殖，使肉的纤维结构发生变化，容易咀嚼和消化，营养的吸收利用率也高，口感更好。这就叫肉的排酸过程。

从卫生学和营养学的角度来说，排酸肉是鲜肉在加工过程中一种最好的处理方法。目前，一些西方发达国家的鲜肉市场中，几乎 100% 都是排酸肉。排酸肉对肉的加工工艺要求很高，必须是在屠宰后及时冷却排酸，包装、储存、运输和销售也均在低温控制中进行。这些步骤中，只要有一个达不到，就不能叫真正的排酸肉。

热鲜肉和冷冻肉各有弊端

目前市场上出售的肉，除了排酸肉以外，还有热鲜肉和冷冻肉。

热鲜肉也就是传统方法生产和销售的肉。畜禽在屠宰加工后，经卫生检验合格便可以上市了。通常为凌晨宰杀，清早上市，不经过任何降温处理。在从加工到零售的过程中，热鲜肉不但要受到空气、苍蝇、运输车和包装等多方面污染，而且这个过程中肉温较高，细菌最容易大量繁殖。

冷冻肉是上个世纪十分流行的工业化产物。宰杀后的畜禽肉，经预冷后，在零下

18℃以下速冻，使深层温度达零下 6℃以下。冷冻肉虽然细菌较少，吃着比较安全，但在食用前需要解冻，会导致大量营养物质流失。

这两种肉都不如排酸肉对健康更有利！

冷冻肉

排酸肉

排酸肉的优势

牲畜在屠宰前因为惊恐、紧张，造成大量激素类物质进入血液和体液，传统的屠宰方式使这些物质滞留在动物体内，对食用者的健康有一定的副作用。而且刚被屠宰之后，牲畜体内恰似微生物繁殖的温床，各种病菌大量繁殖，如果加热不彻底，吃下去很容易出问题。

“排酸肉”却完全不同，肉类排酸是现代肉品学及营养学所提供的一种肉类后成熟工艺。动物死后机体内因生化作用产生乳酸，若不及时经过充分的冷却处理，则积聚在肌肉组织中的乳酸会损害肉的品质。

排酸肉是在严格控制 0~4℃、相对湿度 90% 的冷藏条件下，放置 24 小时，使屠宰后的动物胴体迅速冷却，肉类中的酶发生反应，将部分蛋白质分解成氨基酸，同时排空血液及占体重 18~20% 的体液，从而减少了有害物质的含量，食用更安全。

与凌晨宰杀、清晨上市的热鲜肉相比，排酸肉始终处于冷却温度控制之下（0~4℃），大多数微生物的生长繁殖受到抑制，肉毒杆菌和金黄色葡萄球菌等不再分泌毒素，确保了肉类的安全卫生。此外，由于经历了较为充分的解僵过程，肉质柔软有弹性，好熟易烂，口感细腻，味道鲜美。冷冻肉则是在低于 -18℃的条件下以冻结形式保存。与之相比，排酸肉具有汁液流失少、营养价值较高的优点。因此，早在 20 世纪 60 年代，发达国家即已开始了排酸肉的研究与推广。如今，排酸肉在发达国家几乎达到了 100% 的市场占有率。

真正的排酸肉

然而，在中国推广排酸肉，还有很多技术问题需要解决。

如果某一个环节上肉脱离了冷链，就不能完成排酸过程，所以，排酸肉的生产需要有一定规模的企业才能完成，由于环节上的严密控制，成本也被提高，生产排酸肉要比一般的热鲜肉和冷冻肉增加成本，所以市场上排酸肉的价格也比一般的肉要高百分之二十到三十。

作为负责任的“户煮”，不仅在肉类中要挑选品种，还要采用排酸工艺生产的优良品种，这样才能让肉又好吃又营养。

按摩让肉更鲜嫩

化学嫩肉法

要想让肉类在烹调的时候更加嫩滑，事先需要对肉进行预处理，一种是化学的方法，就是将肉用嫩肉粉腌制一下。它的原理是这样的：嫩肉粉的成份是蛋白酶，它可将肉中的弹性蛋白和胶原蛋白部分水解，使肉的口感柔嫩、味道鲜美。同时，还能提高肉中蛋白质的转化及利用率，增加营养价值。这种蛋白酶多来源于植物，如木瓜、生姜等。从这个角度来说，嫩肉粉是一种纯天然制品，适量使用不会给健康带来不良影响。所以我们看见，基本上所有的超市都会销售嫩肉粉，对于家里人爱吃肉的主妇来说，嫩肉粉几乎是烹调圣品。不过嫩肉粉中含有一定的亚硝酸盐，我们都知道，亚硝酸盐是一种致癌物质，在腌制食品中大量存在，近年来被许多医学人士所摒弃。

所以，使用嫩肉粉不宜过多，腌制时间也不宜过长，15 分钟即可，以免引起亚硝酸盐中毒。在使用过嫩肉粉之后，加热的最佳温度为 60℃，若超过 80℃，就达不到使肉鲜嫩的效果。所以，使用嫩肉粉并不是一种十分完备的烹调手段。

物理按摩法

在很多小店能购买到按摩肉的小工具，用它们来捶打针刺那些肉块，或者用刀背和自己的手直接对肉进行按摩，在物理的作用下，肉中的弹性蛋白和胶原蛋白也能部分水解，肉的纤维也会被破坏，这样，肉的吃口也就鲜嫩起来了，而且完全可以煮沸烹调，卫生程度上也就更加放心了。

物理方法的好处是，不增加对身体有害的物质，不破坏肉的营养，虽然花些时间和力气，但的确是可圈可点的完美过程。

大厨教你做
The Master Chefs Teach You

煎牛排

做法：

1. 牛眼肉撒黑胡椒碎。
2. 热锅，将牛排放进去煎制，喜欢清淡的可以不放油。
3. 待正面出现血水时翻面。
4. 待朝上一面也出现汁水时即可起锅，撒上盐，或用黑胡椒酱、蘑菇酱等调味。

01

02

03

04

Tips

处理牛肉小秘诀

1. 冷冻牛肉提前一天拿出来放冷藏箱自然解冻。
2. 切牛肉一定要垂直于牛肉的花纹，口感才好。
3. 牛肉炖汤，清汤牛肉要过水，红汤则把牛肉下油锅煸炒一下。
4. 太瘦的牛肉没办法做成嫩滑的煎牛排，好的牛排一定要选用油脂分布均匀的牛肉。
5. 家里吃牛排可以购买现成的调料蘸酱，比如黑胡椒酱、蘑菇酱、A1 酱，或者也可以只加盐和黑胡椒。好的牛肉不需要预先处理，原肉煎好后浇上酱汁就很美味！
6. 煎牛排的过程很简单，但要注意翻面的标准。

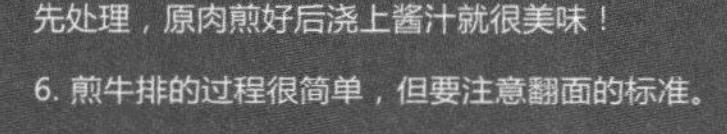

图片提供：易果生鲜 www.yiguo.com

06

蛋白质
先有鸡还是先有蛋

06

蛋白质 先有鸡还是先有蛋

鸡，原来是中国人餐桌上的美味。过年那一锅飘着黄油的老母鸡汤，会让人因为年饱而失去的胃口瞬间回来。以前外婆还在世的时候，会在过年的时候自己做虾油鸡，爷爷则喜欢自制风鸡，我记得风干的鸡要去除它的毛很难，但在辛苦了半天之后终于吃到的风鸡肉，实在是毕生难忘的美味啊。

爷爷奶奶的老房子里曾经养过很多鸡，公鸡母鸡一大群，还分不同品种，有专门用来下蛋的，有专门养来吃肉的，小时候最怕这些满地拉屎的家伙，现在却会无比怀念这一群呱噪的家伙带来的美味。

鸡鸭鱼肉，这是我们传统用来形容美食丰盛的一个词，这四个字组成了中华料理成百上千种的美味菜肴，而其中排在头牌的是——鸡。中国人爱吃鸡，把鸡当成美味和营养的代名词。女人生了孩子要吃鸡，小孩长身体要吃鸡，给病人补养身体还是会选择鸡。

但是你了解鸡吗？鸡应该怎么吃才能吃到鸡的精华呢？

鸡的地位

在我国古代特别重视鸡，称它为“五德之禽”。《韩诗外传》说，它头上有冠，是文德；足后有距能斗，是武德；敌在前敢拼，是勇德；有食物招呼同类，是仁德；守夜不失时，天明时报晓，是信德。

鸡作为最常见的家禽，已经陪伴了中国人数千年了。因此人们也积累了很多吃鸡的经验。

喝鸡汤要用老母鸡，炖出来的汤味道鲜美。

清蒸鸡则要选用还没有学会打鸣的小公鸡，它的肉质十分鲜嫩，而且容易熟，烹饪时间短，营养就全部留在肉里了；每年开春的时候，江南人家最喜欢清蒸童子鸡，既好吃，又补养，价廉物美。

红烧鸡则会选用肉鸡，容易入味，而且肉质丰富，吃起来觉得过瘾。

上世纪 90 年代中期，我眼见着养鸡专业户纷纷开始养殖那些西洋的杂交鸡种，随之而来的商业模式和收益对于本地放山鸡来说是无法比拟的，商家提供鸡种、饲料和喂养方法，49 天左右回收，养殖户觉得很有保障，自然纷纷响应。小小的空间里鸡挤得严严实实，完全没有户外活动。暗无天日的养殖环境，在获得利益的同时，也充满了激素和禽流感的风险。

可也正是速生鸡的到来，才让我们一年四季都能买到便宜的鸡肉，上世纪 70 年代年节上才会品尝到的美味，变成超市里随时能买到的普通食品，不过，肉鸡的滋味和本地的放山鸡是不好比的。

市场上现在能买到的鸡种类还是很多的，洋鸡一般是冻鸡，还会分割成鸡脚、鸡翅、鸡胸肉和鸡腿肉等来销售。各地也有很多本鸡的品种以竹林鸡、桑园鸡等名号销售，质量见仁见智。还有一类是乌骨鸡。买什么鸡取决于你打算怎么烹调。

大厨教你做

The Master Chefs Teach You

养生乌鸡

做法：

1. 乌鸡出水切块。
2. 将乌鸡和葱、姜、酒、红枣、何首乌一起放进气锅，不加水，盖上盖子，入蒸锅蒸制。
3. 约 30 分钟左右即可。

鸡的品种和烹调

乌骨鸡：见过乌骨鸡的人一定会记得它独特的长相。在中医上乌鸡是特别滋补的一种家禽，尤其是对于女性。乌骨鸡又称武山鸡，是一种杂食家养鸟，它们不仅喙、眼、脚是乌黑的，而且皮肤、肌肉、骨头和大部分内脏也都是乌黑的。从营养价值上看，乌骨鸡的营养远远高于普通鸡，吃起来的口感也非常细嫩。至于药用和食疗作用，更是普通鸡所不能相比的，被人们称作“名贵食疗珍禽”。

乌鸡选用约 2 斤左右的最好，这样的乌鸡口感嫩。烹调方法很简单，将乌鸡洗干净切块，放进汽锅或者炖盅里面。放进汽锅的话不用加水，放在炖盅里只要加一小碗水，然后用蒸汽烹调，原汁原味。忠实的呈现出肉质本身的香、甜、鲜味。制作方法简单，吃起来却很美味，对身体也很有益处呢。

大厨教你做

The Master Chefs Teach You

三杯鸡

鸡腿：鸡腿肉蛋白质的含量比例较高，种类多，而且消化率高，很容易被人体吸收利用，有增强体力、强壮身体的作用，另外含有对人体生长发育有重要作用的磷脂类，是中国人膳食结构中脂肪和磷脂的重要来源之一。

鸡腿这个部位是鸡身上最灵活的部位，带筋且肉质较多。鸡腿肉可以去骨，也可以直接带骨烹调，先将腿肉用酱料腌制，最好是放在保鲜袋里按摩一下，然后静置大约 1 个小时左右下锅。可以清蒸，也可以爆炒，清蒸的话可以不切或用厨房剪剪成大块，爆炒的话可以切得小一点，如果放点番茄酱，孩子会很喜欢。

做法：

1. 将鸡腿切块，下油锅滑 1 分钟。
2. 将鸡腿与九层塔、姜片、台湾米酒、糖、酱油和麻油一起翻炒。
3. 约 15 分钟起锅。

油锅滑一分钟后，成金黄色

大厨教你做

The Master Chefs Teach You

宫保鸡丁

鸡胸肉：鸡翅膀下面的那块胸脯肉，是鸡身上最大的两块肉，鸡胸肉脂肪含量比较低，100g 大约是 115 大卡的热量，这个部位由于脂肪含量少，操作不好会有肉柴的情况，所以要注意处理的时候断纹切成丁状，以蛋清、生粉上浆，较好地包裹住肉块，中油温滑油，使其定型，再以快炒的方式，迅速熟制，不多浪费时间，这样肉质会嫩且外观美观。

备料：

鸡丁、辣油、酱油、红椒、姜、蒜、炒好的花生、辣酱、葱花、红辣椒、鸡蛋、生粉。

宫保鸡丁备料

做法：

1. 鸡胸肉切小块，上浆。
2. 将上好浆的鸡丁入油锅翻炒，鸡肉变色后加入备好的调料再翻炒，起锅时拌入熟花生米即可。

鸡块上浆备料

01 鸡块中加入蛋液

02 加入生粉

03 加入拌酱

04 拌一下

05 上浆完成

06 滑炒鸡丁

07 加辣椒辣酱翻炒

起锅拌入熟的花生米即可

鸡翅：即鸡翼，俗称鸡翅膀，是整个鸡身最为鲜嫩可口的部位之一，根据需求，还可以分为翅尖、翅中、翅根三部分。将鸡翅腌制之后烤着吃，味道很好，也可以裹粉炸制，小孩子很喜欢吃。但因为肉鸡的质量良莠不齐，所以还是少吃为妙，偶尔作为奖励会让小孩子吃得很开心。

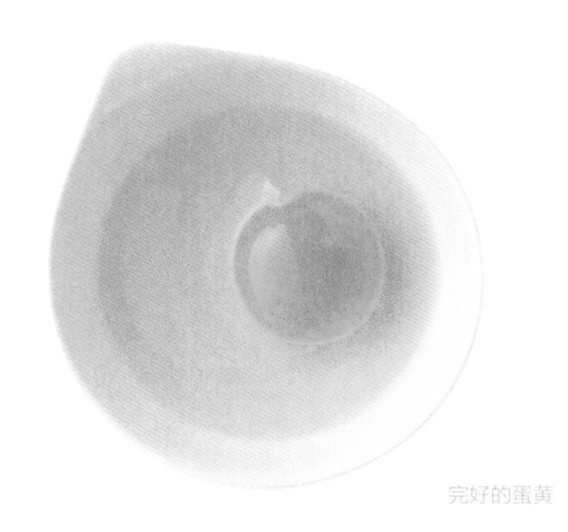

完好的蛋黄

鸡爪：鸡脚爪在传统下酒菜里是鸡身上的精华，以前喝酒的人喜欢吃“飞叫跳”，就是鸡翅、鸡脚和鸡舌。中国人食不厌精，就一个小小的鸡爪还要再分，鸡爪和鸡脚踝去骨后部分，又是不一样的。鸡脚的做法很多，红烧、糟卤、麻辣。还会走油锅制成虎皮凤爪，是中国传统美食之一，味道鲜。

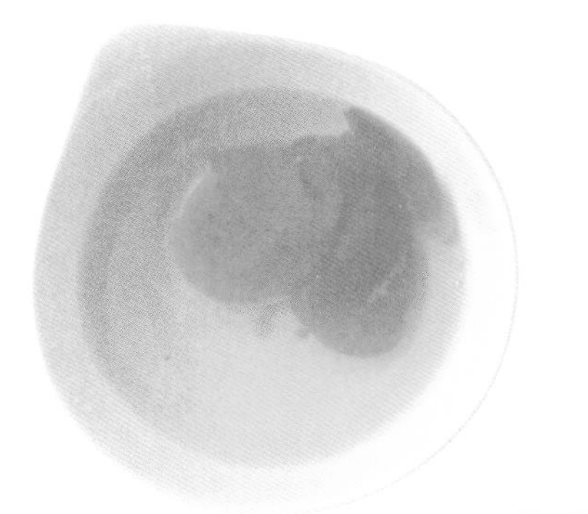

散黄蛋

鸡蛋：最简单的又是最完整地获得蛋白质的方法就是吃鸡蛋，而获取鸡蛋的营养最好的方法就是白煮蛋，现在市售的蒸蛋器可以很方便地获得白煮蛋，早餐的时候只要一两分钟就能为家人准备一份完美的蛋白质。而鸡蛋本身又有很多的烹调方法，让它成为餐桌上的可爱精灵。

Tips

鸡的烹调贴士

1. 除非请老家的亲戚养殖，不然的话买到真正的放山鸡的可能性极低。大部分的散养鸡只是用土鸡的品种圈养的，除非可以亲眼看见，否则的话不要用昂贵的价钱去买那些传说一样的散养鸡。

2. 不管什么品种的鸡在大规模养殖的时候都会被喂药，相对来说大品牌的鸡品质较为稳定。

3. 肉鸡在烹调以前用湿海带包裹起来放置 2 个小时以上，会拥有和放山鸡一样的鲜美滋味哦。

4. 烹调之前过一下水，去除鸡皮、鸡脖子和鸡屁股，再进行烹调时激素的风险可以得到降低。

5. 鸡蛋放进冰箱储存时一定要先放进密封盒，然后在生产出来一周内吃完，放的太久的鸡蛋营养会降低，而且，要注意检查蛋壳，如果蛋壳碎掉了，就不要食用了。

6. 散黄蛋不要食用。

图片提供：易果生鲜 www.yiguo.com

07

鱼虾蟹
水里游的少不了

07 鱼虾蟹 水里游的少不了

中国人形容一道菜好吃，最常见的是一个“鲜”字，可见鱼所代表的水产意味着美味。鱼虾蟹来自江河湖泊，是我们所不熟悉的水底来客，但对于它们的鲜美我们却毫不陌生。

水产市场能见到的最基本的是“青草鲢鳙”和鲫鱼，这五种鱼是内地产量最大的养殖鱼，一年四季都买得到，而且，就目前的自然环境来说，完全野生的鱼在城市的菜市场里几乎是买不到的，能买到水质优良的水库和湖区养殖的鱼就已经是一件幸福的事情了。

由于现在水体被污染的现象很严重，买鱼的时候经常会买到带有异味的鱼，而且这种异味只有在烹调以后才会尝出来。有些卖鱼的人很会讲故事，他会告诉你说之所以鱼吃起来有一股煤油味，是因为捕鱼的船在清早出发，船上有煤油灯，所以才会在无意中被沾染上煤油味。实际上这绝对是他编出来的故事，之所以鱼肉里会有奇怪的化学味道，只能说明这个养殖户的水体受到了污染，这种鱼是不能吃的。

鱼虾蟹最好吃的味道，来自于新鲜，新鲜的水产只要简单地放一点葱姜酒烹调，味道就足够鲜美了。而在很多店家吃到的鱼，往往放了很重的调料，在那样的香气掩盖下，你已经很难分辨鱼的新鲜度了。

近十几年来，只要是有采买经验的家庭主妇，都会告诉你——鱼市上的那些小老板，死鱼死虾都有去处。它们去哪里了呢？饭店啰。为了节省成本，一些缺乏管理的饭店会购买菜市场里无人问津的死鱼死虾，在制作过程中放入足够多的香料，然后制成酸菜鱼、水煮鱼、烤鱼或者是油爆虾。当你在美食街上酣畅淋漓时，你有没有想过，去他们的后厨房看一看？

河鱼的鲜

江南一代的人，吃鱼最讲究的就是“活”，活水里养殖的活鱼，活杀来吃的。我们的妈妈辈都还有杀鱼的手艺，现在买鱼都由卖鱼的人帮你把鱼杀好，去鳃去鳞，回家只要好好冲洗就可以烹调了，十分方便。不仅是菜市场，大型超市里也会准备充氧气的水缸，把鱼养在缸里，这样似乎才能勾起人们的购买欲望。

鲫鱼：最能提供鲜美鱼汤的就是最常见的鲫鱼了。早春和夏末至冬初这一阶段，鲫鱼的肉最为鲜美。尤其是初冬，鲫鱼有丰富的鱼籽，更加美味。上世纪 80 年代中后期，市场上出现过一种非洲鲫鱼，那指的是罗非鱼，跟鲫鱼没什么关系。我国是鲫鱼的原产国，唯一和国外的杂交品种来自于日本的琵琶湖。鲫鱼味道鲜美，但是刺比较多。河鱼都有这个问题，但海鱼似乎就好很多。

鲫鱼

小鲫鱼合适炖汤，大火煮开小火慢炖，炖出来的汤像牛奶一样白白的，过滤之后用这个汤煮面、炖豆腐、烧白萝卜，十分美味。现在 1 斤以上的大鲫鱼也很常见，这样的鲫鱼清蒸红烧，或者做成鲫鱼炖蛋，不需要放太多佐料，味道就十分鲜美了。市场上一般都会有普通养殖和水库养殖的鲫鱼供选择，后者价格要贵 50% 或更多，但实践证明，物有所值。

青鱼和草鱼：菜市场里最常见的鱼，就是青鱼和草鱼了，在上海，人们习惯性地将这两种鱼都叫青鱼，青鱼叫做“乌青”，草鱼叫做“草青”。青鱼和草鱼外形看起来也很像，摆在一起比较的话，青鱼比较黑，草鱼比较白。从吃口来讲，青鱼的肉比较鲜美有弹性，草鱼的肉

草鱼

就比较木一点。这跟这两种鱼的食性是有关系的，青鱼喜欢吃小鱼小虾小螺蛳，是荤食的，草鱼则是吃草的，是素食的。

青鱼最大的有 200 多斤，可以长到像人这么大。每年冬天，我都会选一条大青鱼，十几斤的比较好，人那么大的青鱼一般市场上是买不到的。买回来的大青鱼切块后用盐腌制 7 天左右，然后吊起来风干，这样制作出来的青鱼干，用来喝酒喝茶，是最鲜美的搭配。菜场里的青鱼草鱼都可以分割卖，鱼头、鱼尾和鱼身体，价钱不一样，鱼头烧粉皮，鱼身体用盐腌一下蒸来吃，鱼尾红烧就是名菜“红烧划水”。

青鱼干

鲢鱼和鳙鱼：这一对鱼很像，很多地方习惯性地把它们都成为鲢鱼，鲢鱼叫“白鲢”，鳙鱼是“花鲢”。这两种鱼都有个特点，头很好吃，但鱼身上的肉质比较松散，滋味一般。菜场卖鱼的时候会把它们的头与身体分开来卖，价钱差很多，鳙鱼的鱼头很大，鲢鱼的比它略小一点。旅游的时候经常遇到的千岛湖鱼头汤，用的一般是花鲢，不过我觉得它们的汤比较可疑，调味胡椒放得过多，鱼头的香气已经被掩盖了。

家里自己煮鱼头汤实在是很简单的，一只鱼头有 2 斤到 3 斤左右也就够了，流水冲洗干净，油锅里翻一下，加进刚刚煮开的水，大火烧开，汤白了以后再改小火，然后放点豆腐或者粉皮，就是很鲜美的一锅，如果再在中药店配点天麻放进去，就成了滋补锅。

黑鱼：以前黑鱼很少见也很昂贵，现在养殖黑鱼比比皆是，味道有点差别。黑鱼是肉食性的鱼，狡猾凶猛，但对于有炎症的身体却有很好的帮助。买黑鱼的时候要注意观察一下它的肚子，如果松松软软，说明脂肪含量高，吃起来会觉得很油，这样的鱼往往是水泥池里养的，甚少活动，吃口不佳。比较细一点，看起来瘦瘦的，肚皮比较紧实的，就有可能是在活水里养殖的，虽然也是吃饲料的，但活动空间相对加大，肉质的弹性会比较好。

当黑鱼还在野生阶段的时候，美食家选择黑鱼会挑 8 两左右的，这么大的黑鱼肉质最是滑嫩。现在都是养殖鱼，自然会养得越大越有效益，但 2 斤以上的黑鱼肉已经比较木了，而且三口之家一顿吃不完的话，隔天的黑鱼会变得很腥，影响人的食欲。所以一定要注意挑选 1 斤 2 两左右大小的哦。如果需要宴请觉得不够吃，情愿买两条。如果有兴趣一鱼两吃的，另当别论，可以选择大一点的，但也不要超过 2 斤重。请卖鱼的师傅帮你把鱼肉和鱼头鱼骨分离一下，鱼头鱼尾鱼骨炖汤，鱼肉片成片用生粉捏一下炒着吃，秒杀酸菜鱼水煮鱼哦。

昂刺鱼：这种鱼以前也是野生的小鱼，如今基本都是养殖的。昂刺鱼肉质细嫩，鱼刺少，但如果水体品质不好，鱼肉会有土腥气。买鱼的时候挑那些不停游动看起来十分活泼的进行选购。昂刺鱼比较合适红烧，煮汤的话可以在汤里放一点酱油，味道会很鲜美。

昂刺鱼

鲈鱼

鲈鱼：江上往来人，但爱鲈鱼美。说的可不是菜场里买得到的这种鲈鱼哦。我国原产的鲈鱼是淡水鱼，有松江四腮鲈鱼和新疆的河鲈鱼，目前都很稀少，在一般的超市菜场是买不到的。能买到的鲈鱼有从日本引种的海鲈鱼和从美国引种的加州黑鲈，后者在菜场最常见，目前已经形成完整的养殖和销售体系。活杀的鲈鱼简单清蒸或红烧，味道鲜美。

鳜鱼：桃花流水鳜鱼肥。从肉的鲜美程度来说，鲫鱼和鳜鱼是菜场能买到的淡水鱼中不相上下的两种。但鳜鱼价格高过鲫鱼很多，这有两个原因，一是鳜鱼肉多刺少性价比更高，再一个是因为鳜鱼是肉食性的，养殖鳜鱼的时候饲料必须要投放活鱼，所以养殖成本高。

1 斤左右的鳜鱼清蒸红烧皆宜。要注意的是清洗的时候不要被鳜鱼的刺刺破手。鳜鱼的养殖让我们能买到的鳜鱼的个头越来越大，但千万不要选超过 2 斤的，太大的鱼肉会比较木。新鲜活杀的鳜鱼煮汤也很美味，里面放些白萝卜丝能起到润肺的作用，雾霾天更合适常吃。

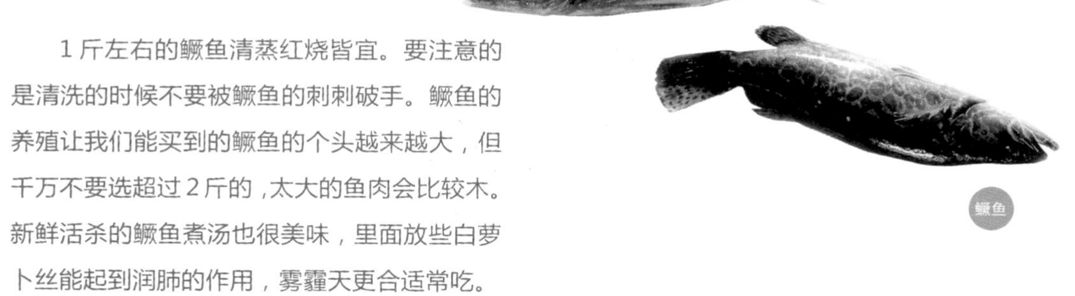

鳜鱼

图片提供：易果生鲜 www.yiguo.com

海鱼的美

菜场不是一个买海鱼的好地方，因为冷藏保鲜的问题，菜场卖海鱼的区域总是会充斥着浓重的腥味，买海鱼要么去大型批发市场，要么还是去超市和卖场吧。

三文鱼：学名鲑鱼，因挪威产的三文鱼产量大，所以名气响，但真正优良的三文鱼产自美国阿拉斯加海域和英国的英格兰海域。

我们在市场上常见的三文鱼肉是橘色的，而且不管放多久，都是那么鲜艳，那是因为我们能买到的三文鱼不管进口与否，很多都已经不是野生的，而是养殖的，而且在养殖的过程中被喂了可以使鱼肉更漂亮的饲料。所以，如果不能确定鱼肉的来源，吃三文鱼刺身还是有一定风险的。有条件的话可以买整条的三文鱼回来料理，鱼头鱼尾烧汤，鱼肉做刺身，或者微炙一下蘸料吃。如果实在爱吃三文鱼刺身，可以买冰冻的自然解冻食用。在店里吃，有鱼皮的相对新鲜，有鱼刺在肉里的更加靠谱。超市冷藏柜销售的不知道已经摆了多久，还是少吃为妙，新鲜切下的三文鱼最好在 2 小时里吃完。

新鲜的三文鱼鱼鳃是鲜红的，而不新鲜的三文鱼是会发黑的。新鲜的三文鱼摸上去会感觉有弹性的，按下去会自己慢慢恢复。不新鲜的三文鱼摸上去则是木木的没有弹性。另外，倘若是去批发市场买原条三文鱼，最好挑当日到的冰鲜鱼，因为有些无良销售商会把当日卖不完的三文鱼放入冷库，第二日再解冻重新拿出来卖，经过多次解冻后的三文鱼，蛋白质分解加剧，卫生和质量都令人担忧。同时，你也应该意识到了，外食刺身的风险实际上是很大的。

大厨教你做

The Master Chefs Teach You

味噌三文鱼头

备料：

三文鱼头、料酒、葱、姜，香菇，豆腐，盐、胡萝卜，酱料

做法：

1. 将三文鱼头洗净，用盐、料酒腌 40 分钟，再洗净。
2. 热锅，加油，把鱼头略煎一下，或进油锅拉油。
3. 加入备料，再加滚开的水，熬煮。
4. 鱼汤煮成奶白色后加入豆腐，再沸腾后起锅。

烟熏三文鱼吃法

烟熏三文鱼吃法最简单，自然解冻后卷上羊齿和生菜就很美味，考究的话可以加一片西班牙火腿，再加一颗橄榄，味道更加丰富。

微炙三文鱼

买回来的三文鱼段只需要在平底锅里稍稍煎一下，将外面的一层煎熟，里面的鱼肉还是生的，配上芥末酱油柠檬汁，十分美味，也解决了新鲜度的问题。

金枪鱼：金枪鱼的学名是鲔鱼，香港人叫吞拿鱼。由于游速快，喜欢生活在深海底，所以目前金枪鱼还没有大量养殖，我们能吃得到的金枪鱼都是海捕来的。金枪鱼营养丰富，但同时由于海水的污染，身体里残留的重金属也较高。家庭吃金枪鱼最简单的方式就是买金枪鱼罐头回来和蔬菜色拉一起拌着吃，或者做三明治的时候用金枪鱼代替肉，提供丰富营养。

黄鱼：黄鱼有大黄鱼和小黄鱼之分，野生的大黄鱼比较昂贵，市场上几十或一两百一条的基本都是养殖的。小黄鱼又叫小梅鱼，倒是海捕来的居多。从味道上来说，我觉得昂贵的野生黄鱼固然好吃，但想到它的价钱，会觉得便宜的小黄鱼也一样鲜美。辨别野生与养殖最简单的一招就是看鱼的尾巴，养殖黄鱼尾巴圆，野生黄鱼尾巴比较长；其次看眼睛，煮熟以后，养殖黄鱼的眼睛会凹陷，而野生黄鱼的眼睛则会凸出来。

带鱼： 追求野生鱼的人，不妨多吃带鱼，因为带鱼的洄游习性，所以目前对带鱼的养殖还没有技术性的突破，市场能买到的带鱼都是海捕来的。不过带鱼不止产在东海，还有一种非洲带鱼，价格比较低，骨头大，肉糙，会被混在东海带鱼里销售，一吃就会发现区别。非洲带鱼有大而硬的骨头，买鱼的时候可以细细对比，东海带鱼比较小，牙齿不长，眼睛也不怎么大，多买几次对比多了就容易辨别了。当然，东海带鱼和非洲带鱼都可以吃，买到非洲带鱼，就红烧或是盐腌了干煎，味道也还行。

鱿鱼：鱿鱼、墨鱼、章鱼都叫鱼，其实都不是鱼，而是海洋里的软体动物。在家里吃它们，新鲜买回来流水洗干净，做火锅吃，最简单。这些软绵绵滑溜溜吃起来却很有弹性的美味，都有一个共同点，不容易消化，偶尔解解馋蛮好，多吃不宜。它们还特别容易变质，能不在外面食用是最好，如果很喜欢吃，一定要选择放心的店铺，不然的话，吃坏肚子是分分钟的事情。

虾蟹一家亲

虾和蟹都是美味，也分河里的和海里的。河里的一般体型比较小，但味道十分鲜美。海里的体型都比较大，肉多，可是鲜美程度略差一些。但因为海里的进口货居多，所以价格差距不大，甚至不怎么好吃的进口货有时也会卖出天价，居家过日子还是要理智购买才行啊。

河虾：这些年河虾是越卖越贵，但真的是很美味，它的蛋白质含量高，营养丰富，小孩子一般都很爱吃。河虾有细长的须，透明青灰色的壳，越大的河虾越贵，而且河虾离水就死，所以买好河虾最好立刻回家，冲洗干净后就下锅，这样才能保持它的鲜美。菜场里买虾的时候，如果一时分不清它们的品种，只要记住，体型最小的就是河虾就行了。

基围虾

基围虾：砂虾、对虾，这些别名，其实都是基围虾，这是被大量养殖的海虾，个头比较大，味道也挺鲜美，不过最好在烹调前去除它的泥肠，或者在吃的时候手剥抽肠。

河虾

对虾

大头虾：学名是罗氏沼虾，它的头很大，头里面还有黄，是夏季市场上卖得最多的虾，完全是人工养殖的。按照标准养殖的罗氏沼虾是很不错的蛋白质提供者，但据说为了防治病害，会大量使用抗生素，如果要吃，不妨把它放在清水里多养半天。

大头虾

对虾：又叫中国对虾或明虾，它的体型比较大，一般菜市场销售的都是冰鲜的。购买明虾的时候注意它的新鲜度，看头和身体是否分离，头差不多要掉下来的明虾不怎么新鲜了，吃口会比较木，肉质缺乏弹性。

草虾：有的地方叫台湾草虾或是斑节虾，体型比基围虾略大，比明虾小，一般会养在水箱里卖活的。草虾的味道比基围虾鲜美，肉的弹性也更好些，洗干净以后盐水灼一下，就是一道很好的菜了。

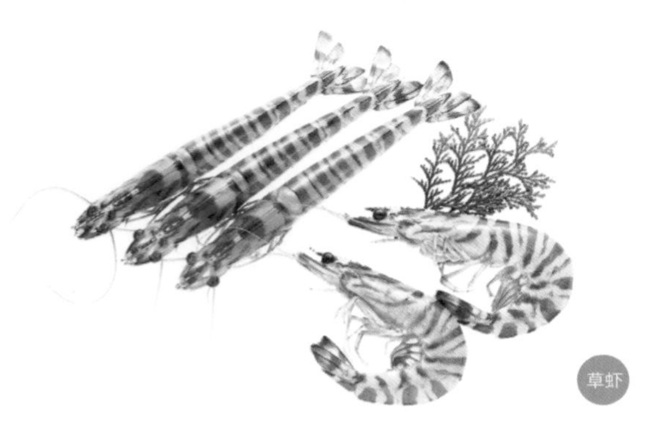

草虾

河蟹

梭子蟹

梭子蟹：俗称白蟹。市场上的梭子蟹有冰冻的和活的，活的梭子蟹肯定是养殖的，价格会便宜一点，野生海捕来的梭子蟹一定会在渔船上就直接冰起来，所以除非你等在渔船边，一般不会有野生的活梭子蟹在产地之外买到哦。秋天的梭子蟹肉很厚，黄也很多，清蒸或者用姜葱爆炒，十分美味。也可以煮好白粥以后将梭子蟹切块放进去再煮一次，就成了美味的蟹粥。

河蟹：又叫螃蟹，秋风未起个子比较小的被叫做毛蟹，在上海一带还有六月上市的品种叫做“六月黄”，是大闸蟹进入成熟期最后一次蜕壳前的宝宝蟹。对剖开来，断面沾点面粉，下锅用酱油红烧，味道十分鲜美。阳澄湖一带产的大闸蟹名扬天下，其实太湖、高邮、宝应和崇明都有很好的大闸蟹，它们的品种是一样的，都是长江绒螯蟹，但因为水质的不同，鲜美度和肉的紧实度会有区别。买蟹一靠闻二靠看，闻一闻，有蟹的清香味的，蒸熟以后也会很香，闻起来很腥的次之。看蟹的形状，金毛白肚皮，样子很威武，把它翻过来放在玻璃上，能很快翻过身来。成熟的蟹，螯上的绒毛多且密，螯大而结实，说明比较强壮。还有，同样大小的蟹，越重的越好，用手掂一掂。死蟹是不能吃的，买蟹的时候用手轻轻戳它的眼睛，蟹很灵活，戳了不动的一定是已经死翘翘了。

青蟹铁蟹各种蟹：十年前香辣蟹的流行，让进口海蟹得到普及，一时间蟹们以各种字体各种名字上了菜谱。青蟹和花蟹都是梭子蟹的小品种，青蟹有时会被叫做膏蟹，而花蟹一般分兰花蟹和红花蟹，红花蟹因为无法人工养殖而变得昂贵。铁蟹是缅甸黑蟹，因为有一种独特的异味，所以无法清蒸着吃，但用它作为原料的香辣蟹却着实风靡了一阵子。

青蟹

Tips

外食刺身小贴士

1. 鱼籽会有染色的现象，吃之前先弄一小粒在手上捻开，如果手被染色了，你就会懂了。
2. 新鲜的牡丹虾头和身体连得很紧，吃起来肉质绵滑。
3. 金枪鱼刺身比三文鱼刺身高贵些，吃日料、自助餐的时候别再盯住三文鱼不放了哦。赤贝、金枪鱼性价比更高。

大厨教你做

The Master Chefs Teach You

酥炸龙利鱼

深海鱼一般都把鱼刺给剔掉了，龙利鱼、鳕鱼柳、热鳎鱼等裹上蛋黄液炸至金黄，然后蘸自制的蛋黄酱吃，老少咸宜。

自制蛋黄酱备料：

柠檬 1 颗榨汁、盐 1 克、蛋黄 3 颗、无盐奶油、白兰地

自制蛋黄酱做法：

微火将蛋黄、黄油、柠檬汁、盐搅匀，用打蛋器打成蛋黄酱，然后加进白兰地，完工！口味清爽自然的自制蛋黄酱，也可以买现成的蛋黄酱替代，美味的秘诀是在蛋黄酱里加一点柠檬汁！

备料：

鸡蛋、面包糠、龙利鱼、色拉酱、面粉、盐、胡椒粉

做法：

1. 龙利鱼切块过面包糠 .
2. 龙利鱼下油锅煎制，微黄即可起锅。
3. 配上自制的蛋黄酱食用，十分可口。

01 准备好备料

04 将龙利鱼放进面包糠里

将龙利鱼放入蛋液中

将龙利鱼充分裹上面包糠

将龙利鱼拎起来滴掉多余的蛋液

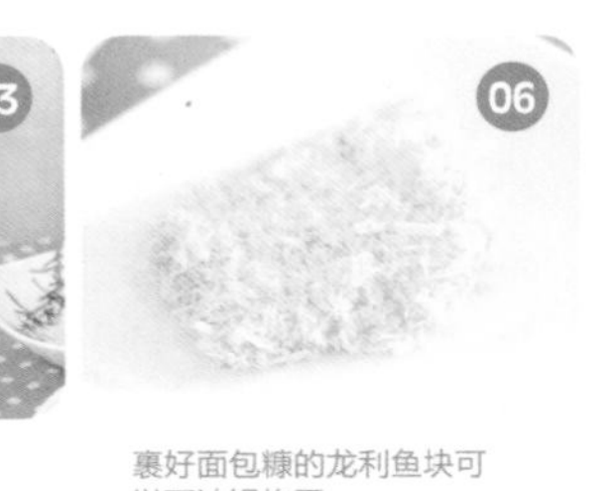

裹好面包糠的龙利鱼块可以下油锅炸了

南北货 08

山里的海里的

08

南北货
山里的海里的

我小时候住在屯溪老街上，那条街如今已经成了著名的旅游地。小时候屯溪就这么一条街，街上的店分工也很明晰，日杂店、食品店、药房、酱菜铺，还有专门卖南北货的小小店面，因为外婆年轻的时候做过山货的生意，所以我小小年纪就知道了南北货的概念。说白了，南北货就是干果干货。交通不那么方便的年代，要把南边的运去北边，海边的运到山上，太阳是最好的加工厂，海捕来的海参、鲍鱼、鱼翅、鱿鱼、海带、紫菜、淡菜，山上采下的红枣、木耳、桂圆、荔枝、香菇、核桃、笋干，还有红艳艳的火腿、风鸡和香肠，都要经过太阳光的亲吻晒干了以后运去远方。

因为距离远，南北货在我的印象中就成了稀少和美味的代名词。如今，网络上轻轻一点，贵州的腊肉、四川的辣椒，想吃什么都能买到，快递三天左右就送到手上，物资匮乏年代的那种希冀盼望的乐趣也缺失了。

有了冷链保鲜，干货的地位受到动摇，新鲜的木耳香菇可以很方便买到，但你试过没有，太阳晒过的干香菇和菜场里买到的新鲜湿润的胖香菇，味道区别很大，尤其是那种迷人的香气，必须是太阳的恩赐。

对于不是每天去菜场超市但又偶尔会想要自己动手制作美食的人来说，南北货是必不可少的配备，泡点黑木耳，加点陈醋拌拌，煮个紫菜汤，炖蛋的时候放一朵香菇和几粒干贝，遇水则发的南北货，把四时的美味留在你的身边，幸福信手拈来。

想象中最美好的厨房，有整整一面墙的架子，几十个玻璃罐子里装着各式的干果干货，阳光斜斜地照在上面，那种富足感难以书写。

干果：丰收的喜悦

红枣：一日三枣的营养已经不用再细加描述，入冬以后记得吃点红枣，煮汤、蒸饭、泡茶，都是极好的。以前河北沧州的小枣是上品，产于沧州的小红枣短壮圆整，体型略长的可能是山东小红枣，而一头带尖的则是河南小红枣，后两种甜味略差。现在新疆的大枣也成为市场的主流，一类是阿克苏的树干枣，在树上干燥以后采摘，一类是新疆和田玉枣。不管是什么枣，干燥清甜是最好的标准，红枣的皱纹以少、浅但又明显为好，皱纹多而深，虽然干但甜性差，无皱纹的水分多；买红枣的时候用手把大把的红枣捏紧，手感结实有弹性的比较好；如掰开枣肉，有糖丝但很短则为上品。

红枣

桂圆：桂圆又叫龙眼，剥十几个桂圆煮汤，里面打一个蛋，对于女性来说是很好的小点心。水果里面进口的泰国龙眼比较普及，但制成干果还是福建莆田的为上品，轻轻按一下壳就会爽快地破开。肉干燥甜美的是好桂圆，吃起来不怎么甜或者有点发酸发淡的次之。

核桃：新疆大核桃和临安的山核桃体型不同，味道也完全不一样，是不同的东西，但因为它们的果肉看起来和大脑的形状很像，根据中医以形补形的原理，它们长久以来被作为补脑的圣物。山核桃又叫小核桃，主要作为坚果零食吃着玩，临安产的最好，但新产的和隔年的口感差别很大，新产的壳的颜色比较淡，闻起来有核桃特有的清香，隔年的比较黑，果肉也会发黑，闻起来有香精气或是油耗气。新疆的大核桃可以用来制作甜点，煮饭的时候放一点就是香喷喷的核桃饭了。

桂圆

核桃

莲子：新鲜的莲蓬吃起来很文艺，但很少见，晒干以后的莲子则是南北货柜台的常备品了。莲子从大暑开始到立冬为止陆续成熟，大暑前后采收的称为伏莲，也称夏莲，养分足、颗粒饱满、吃起来粉糯可口；立秋以后采收的秋莲，颗粒细长，膨胀性略差，入口粳硬。从产地上分，湖南湘潭、安乡等地出产的湘莲，浙江武义宣平产的宣莲，福建建阳、建宁生产的建莲，为全国三大名莲。买莲子的时候看一下莲子的外形十分圆润，颜色不要太白，但也不能太黄，再闻一闻莲子的味道，新鲜莲子有淡淡的清香，隔年的会有一点灰尘气和霉味。新货罩着一层白色膜衣，水珠滴在莲子上，皮色变深，但干后即恢复原色。陈货莲子肉色泛黄，膜衣干枯，水滴干后不能恢复原色。

梅

李

杏

莲子

梅、李、杏：梅子解毒生津，但产量小价格贵，梅核小而圆整，核表面密布凹状麻点；杏内核略扁、较大且核表面有一条凸状沟纹；李核小而圆整、核表面光滑。

干菜：美味的诱惑

黄花菜：以苏北宿迁的最好。一要注意开花菜，开花菜特征是花蕾已开放，花蕊外露明显，其营养成分损失较大，质量也较差，食之有渣。二要注意色泽，当年的均为金黄色，放置时间一长，菜色变深黄色甚至深黄色中带黑褐色，如果色泽萎黄带褐色则极有可能是用硫磺熏制时间过长造成的。三要注意菜条的根子部分要短，粗壮肥嫩，用手握之有紧实感。

黄花菜

黑木耳：上好的黑木耳背面灰白色，耳瓣伸展，朵大均匀，体轻呈半透明状，干燥，闻之有清香味；如色萎，香味少的可能是陈货；用盐水浸泡过的黑木耳，上面有盐霜，尝之味咸；用糖浸泡过的无刺手感，尝之有甜味；矾水泡过的无刺手感，尝之有涩味。东北产的小黑木耳，虽然那一朵朵的很小，但肉质很厚实，凉拌煮汤都很好。

黑木耳

香菇：因为加强了环境保护，禁止乱砍滥伐树木，所以段木香菇产量有限，价格较高，有人就用木屑菇冒充卖段木香菇的价钱。买干香菇，嗅觉体验很重要，好的香菇闻起来有香菇特有的清香气，整朵的香菇拿在手里，很干燥，不湿润，但又没有干到一捏会碎的地步。菇面上有花朵图案的叫做花菇，是香菇中质量较好的品种。

香菇

笋干：笋干的学问很大哦，春天茁壮成长的是春笋，冬天上市的是冬笋，靠山的地方春天能吃到细细的野笋，春末夏初还有马蹄笋和兰笋。过了季节就吃不到的美味，让人想念，于是就有了笋干。笋干分咸的和淡的两大类，都要经过高温蒸煮和干燥的过程，浙江一带喜欢用盐水制笋干，制成的叫做焙熄或者扁尖，天目一带产的最为上品，而安徽则喜欢制作淡笋干。扁尖撕细以后用水洗去盐分，烧汤炒菜凉拌，口感幼嫩；淡笋干需要泡发，然后再和肉类一起烧煮，其中笋衣是上品。

笋干

梅菜：江南一带的女子，心中藏着万千丘壑。旧时四季分明的日子里，到了大雪封山的季节，难免青黄不接。去冬腌下咸菜，是用雪里蕻制成的，阳春起缸，用竹匾晒足太阳，变成黑褐色但香气扑鼻的干菜，用竹篮子挂起来藏在屋檐下面，年节上没有胃口的时候，拿出一把来蒸肉吃，又开胃又能消食。梅干菜会被先挑了吃掉，剩下一块块的五花肉。以前梅干菜都是自家做自家吃，现在随时能在超市里买得到，反而自家厨房里很少会飘出梅干菜烧肉的香气了。如今，制成梅干菜的有芥菜、白菜和油菜，制成环境整洁的当年的梅菜闻起来很香，不会有沙，如果浸洗的时候沙泥比较多，质量堪忧。

梅菜

海参：顾名思义，这种海产品被上升到“海中人参”的地位，必是大补。冰岛的海参品质很好，价格也低，泡发相对容易，但市场占有率不高。作为一种昂贵的滋补品，超市里总有海参的身影。最安全的方法是买干海参回来自己发，可以用一只热水瓶专门拿来泡发海参，泡海参的水拿来泡脚，能治疗足跟皴裂。

干货：山与海的富足

淡菜：小时候到了夏天，奶奶一定会用淡菜煮汤，那时候不明白为什么要吃这种奇怪的贝类，味道清淡乏善可陈。后来去嵊泗度假的时候，住在渔民家里，晚上没什么菜了，就煮了一大碗新鲜的淡菜，味道和别的海鲜比起来，实在一般。生了孩子之后的某一日，不知为什么忽然想吃淡菜萝卜豆腐汤。上网去买淡菜，渐渐发现淡菜的好处，其实淡菜就是贻贝，新鲜的被叫做青口贝，它的滋味虽然清淡，但却能补虚益肾，清凉滋补，夏季人的身体比较容易虚亏，老人家煮淡菜吃，是为了滋补家人的身体，尤其是盗汗的孩子，特别合适喝点淡菜汤。淡菜的营养滋补效果是需要长期吃才能得到的，煮汤炒素菜的时候放一点，试试看吧。

海参

淡菜

鱼翅鲍鱼：我不太喜欢使用昂贵的食材，尤其鱼翅会带来屠杀，鲍鱼要靠人力去海底采掘，都是劳命伤财之物，能不吃还是不吃了吧。

火腿：小时候老家的舅舅经常会送来自家腌制的火腿，挂在南墙上晒，夏天还要在边上点一盘蚊香，防止苍蝇在火腿上下蛋，那时候有些人家的火腿处理不好里面会长蛆虫，看起来触目惊心。所以现在人人谈腿色变，因为据说为了防虫，火腿会喷敌敌畏，这事情谁也说不清楚，但火腿蒸豆腐皮的美味的确也是很多年没有吃到了。

浙江的金华火腿和云南的宣威火腿齐名。不过现在市场上最贵的是可以生吃的西班牙伊比利亚火腿，电影《共妻共夫》里面有让人震撼的西班牙火腿的镜头，的确是活色生香，放养的黑蹄猪，吃橡子长大，只用海盐腌制，要至少一年半以上才能熟化的火腿，只能生吃，而且要现切现吃，跟我们用来煮汤提鲜的火腿是不一样的，跟另一类用普通的白猪肉制成的西班牙火腿也是不同的，后者多用来制作三明治。买西班牙火腿，表面的霉毛越多越均匀越密的越是上品！

日剧《大明星之恋》里面，草剪刚靠着火腿的香气逐渐走进藤原纪香的心，而那种切得像纸一样薄的手法，不是因为小气，却是最符合传统的手法。而且，不管哪个国家的火腿，都是猪肉，吃了都会发胖，所以薄薄一片也最健康。

图片提供：易果生鲜 www.yiguo.com

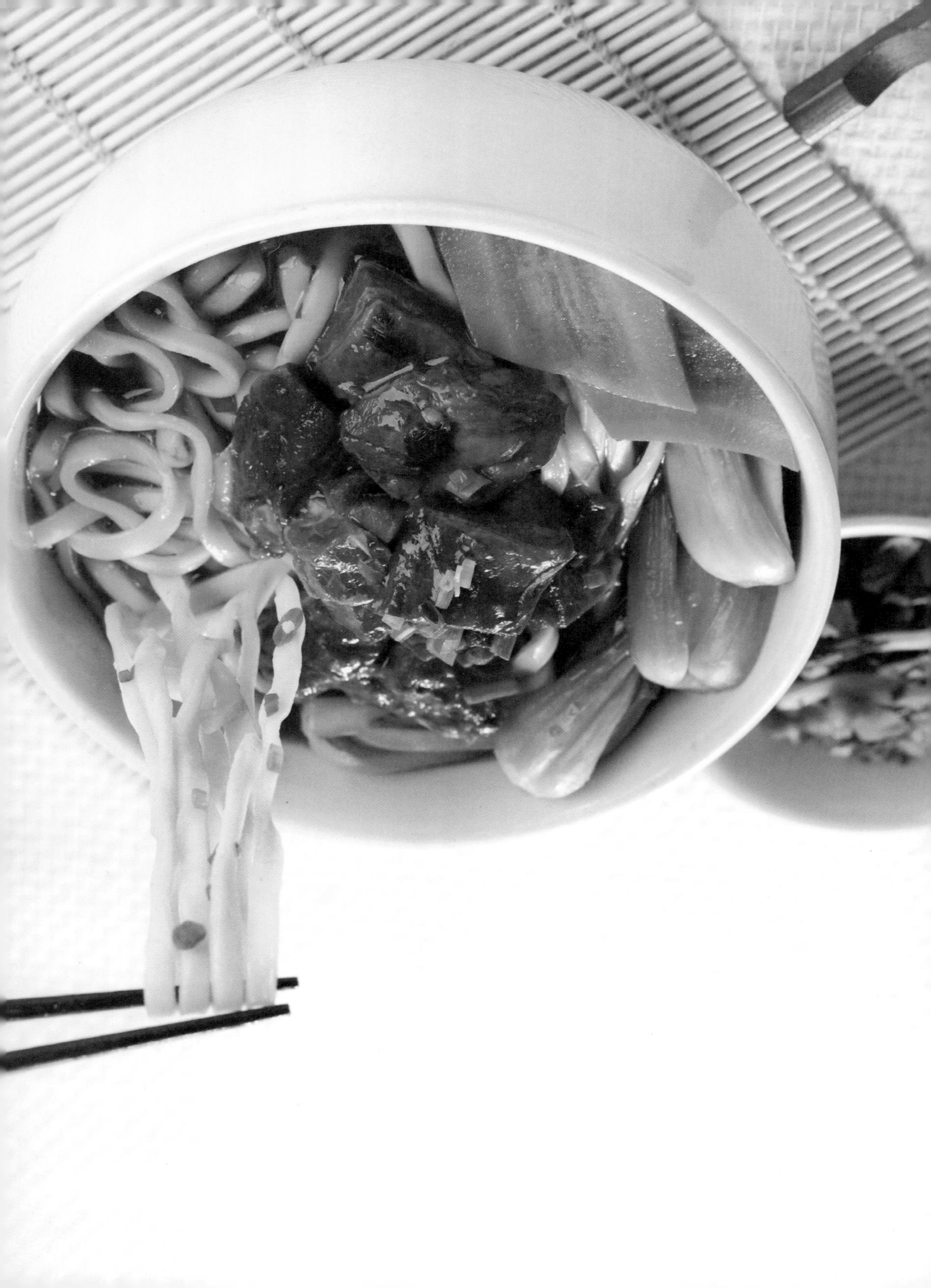

09

面条
长长短短的巧心思

09

面条 长长短短的巧心思

中国人、韩国人、日本人、阿拉伯人爱吃面，汤面炒面拌面，别忘了还有意大利人爱吃面，马可·波罗由扬州带去意大利两样东西，面条和馅饼，前者变身意粉，后者升级为披萨，然后走遍全世界。

面粉加水和盐，制成面条。起源于中国的面条，至今已经有四千多年的历史，东汉时叫煮饼，魏晋叫汤饼，都很形象。意大利人爱吃面，意面据说有五千多种做法，这不稀奇。中式的面条变化更多，上海的阳春面两面黄、扬州的煨面拌面、北京的炸酱面、武汉的热干面、山西刀削面、四川担担面，还有遍布全球的兰州拉面。

十年前，我去山东青岛旅游，夜里肚子饿了，走进栈桥附近的一家小吃店，请师傅下一碗青菜面，没想到在江南十分常见的这一碗，却难倒了店里的老板和伙计，最后端给我的是一碗捞面、一碗面汤和一碟青菜。

中国地大物博，面的吃法太多，无法统计，但走到哪里都能吃到好吃的面条，肚子饿了，下一碗热腾腾的面，不仅能吃饱，而且经过沸水煮出来的面条，卫生干净，是让人放心的食物。

细细说面条的故事，一本书也讲不完，我们还是回到日常生活，先来学习购买面条的小知识吧。

中式面条的分类

曾经在网上查找过料理机的资料，想着如何自己和面制作面条和馄饨皮，后来还是放弃了。原因有二：一是料理机的价格昂贵，其中的很多功能估计用不上；二是家里都是南方人，主食还是米饭，真心要吃面可以很容易买到面条。所以说，添置一样设备时一定要认真思考它的利用率，如果三五年里都不可能天天用的话，还是等到需要用的时候再买，那时可能会有更新的机器供你挑选了。

说的是题外话。

超市里买面条，一类是湿的，一类是干的。湿的面有散装的水面，可以煮汤面，也有专门用来做炒面的，还有大小不一的馄饨皮、饺子皮；日式拉面和乌冬面现在也有小包装的可以选购。干的面主要是挂面和方便面。包装五花八门，味道大同小异。

以前，我爷爷喜欢去买现做的水面回来，然后分成一小团一小团的放在竹匾里，太阳晒晒，就变成了干面，这样的面吊在屋檐下的竹篮子里面，可以摆很久。爷爷自己是人体试验机，事事亲力亲为尽量用自然方法获取食材，让他健康地活到了 93 岁，每天也不过粗茶淡饭而已。

现在最繁荣的估计就是饮食行业了，不仅饭店开得多，超市里食品的种类也不断推陈出新。以前水面都是散装的，小作坊现做现卖，食品厂生产的都是挂面，上世纪 90 年代由康师傅开始出现了方便面。

陈规不断被打破，有了冷链，大规模的食品厂开始生产水面和馄饨皮，包在精美的塑料袋里放在超市的冷柜销售。可是，在购买的时候你注意看它的成分表了吗？

有些面条黄黄的，不要简单地认为它是加了鸡蛋，仔细看一下就会发现，那种看起来很有食欲的颜色，来自添加的色素。有些包装好的面条保质期很长，仔细看一下，除非它是抽真空的，否则的话一定会有防腐剂。

面条最好的配比就是面粉、水、盐和食用碱。如果是鸡蛋面条或者蔬菜面条，请注意看它的成分，太多看不懂来源的词语写在上面，请把它放回去吧。我外婆说，吃进去的东西是拿不出来的，所以看不懂不明白的东西她是不吃的。我也觉得这很有道理，她活到了 90 岁。

想要长寿就要管住自己的嘴。很长一段时间来，我很喜欢在晚上写稿之余吃一碗泡面犒劳自己，虽然知道那里面的添加剂无与伦比，但就是上了这个瘾。2013 年以来，我努力戒掉了这个爱好，直接的收益就是腰围减小，腹部的赘肉在没怎么锻炼的情况下也得到了改善。

煮一碗面的时间不算很长。10 分钟，就能得到一碗健康好吃的面条。

大厨教你做

The Master Chefs Teach You

牛肉面

备料：

面条、红烧牛肉、牛肉红（高）汤、青菜、葱

做法：

1. 牛肉汤煮开，倒进大汤碗。
2. 待水开后煮面，沸腾后加水，如此三次即可。
3. 将蔬菜在煮面的水里汆烫一下。
4. 将煮好的面条、蔬菜放进汤碗。

养生菌菇素面

备料：

面条、番茄、高汤、金针菇、香菇、青菜、葱

做法：

1. 番茄和菌菇熬煮番茄汤底，过滤出清汤放在碗里待用。
2. 煮面烫蔬菜，方法同上。
3. 将煮好的面条、蔬菜放进汤碗。

养生菌菇素面备料

番茄高汤备料

意面的分类

意大利面据说是马可·波罗在扬州生活过之后带去意大利的，但意大利人不承认，说马可波罗从来没有来过中国，这一点身为扬州人我很难认同。在扬州有马可·波罗纪念馆，而意大利面的做法跟扬州人平时吃面的方法很相似，无非是煮好以后，再放点酱料拌一拌而已，汤汁的多少可以自由选择，扬州街头早餐的拌面还留有这个习俗哦。

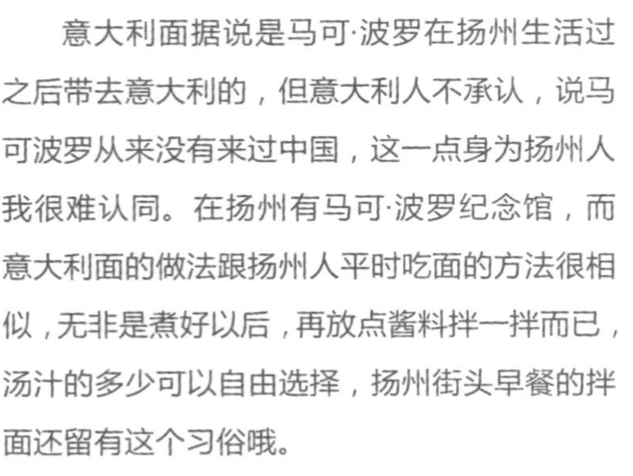

意大利面都是干面条。那金黄的色泽不是上色的，而是杜兰小麦的特点，这种小麦磨成粉就是金黄色的，所以面条也就呈现金黄的色泽。

意大利面传统的分类看它加没加鸡蛋，现在有用蔬菜汁着色的，菠菜的绿，胡萝卜的橙。

意大利面的分类还可以看形状，条形的，有粗细之分；还有各种异状的，贝壳、蝴蝶、烟斗、螺旋。我们家喜欢买字母和汽车图案的，煮好以后简单拌点番茄酱，孩子最喜欢吃。还有通心粉，中空的特质让它特别容易灌汤，比较软糯。

其实，煮意面很简单，过程跟煮饺子差不多，水开了放进面条，加盐和橄榄油，不加也可以，水开一次就加一点冷水，如是要加6~10次，之后再大约煮15分钟左右，捞起来冰水泡着备用。

意大利面的调味有三条路线：
青酱、红酱和白酱

大厨教你做

The Master Chefs Teach You

意大利面酱

超市里各种意面酱很多，没时间或者调料配不齐的时候，可以用现成的面酱，加进自己喜欢的肉类、海鲜、蔬菜炒一炒，再和煮好泡在冰水里过的意面拌一拌也很美味哦！

制作青酱

备料：

巴西里、九层塔、薄荷叶、起司粉、白兰地、罗勒、松子（烤过的）、橄榄油、大蒜、盐

做法：

加入果汁机打碎即可。

制作白酱

备料：

洋葱、玉桂叶、牛奶、水、面粉糊、红葱头、黄油、盐、糖

做法：

下锅炒成糊状。

制作红酱

备料：

巴西里、九层塔、薄荷叶、起司粉、白兰地、罗勒、松子（烤过的）、橄榄油、大蒜、盐

做法：

在白酱的基础上加上番茄（注意，不是番茄酱哦）和新鲜百里香叶炒制。

稻与麦 10

米面的游戏规则

10

稻与麦
米面的游戏规则

很多不谙家务的女子会娇滴滴地说，我也就会煮个饭、泡个面、炒个鸡蛋。会这样说的人估计是连这三项也从未做过吧。

泡面，自然不简单，油炸还是非油炸？汤料什么时候放合适？放多少合适？怎样用泡面做出健康又好吃的早餐和夜宵？等一下告诉你。

至于炒鸡蛋也是讲不完的话题，台湾美食里一道菜脯蛋，就是萝卜干炒蛋，你试试，要做得不油又不焦，也有精深的学问呢。

再讲煮饭吧，可不是把米放进电饭锅那么简单。

真的有功夫的人，还是会选择在火上用砂锅煮饭，那样煮出来的饭软糯适口，还会有让人垂涎欲滴的锅巴。

爽口的锅巴泡饭是最好的早餐，如果小孩子积食，吃这个泡饭会带来胃口。可惜，现在大多数的人家已经吃不到了，手工煮饭的技艺估计会渐渐失传吧，用稻草点火在铁锅里煮出的饭，若有机会去乡下建议你一定要多吃几碗，这种舌尖上的记忆，稍纵即逝了。

就算用电饭锅，电脑程式怎会懂得你的喜好？

有些人喜欢软而黏的米饭，而有些人喜欢粒粒分开的口感，你会说，要烂就多放水，要干就扣掉一点嘛。但你试过没，越高级的电饭锅越娇贵，如果你喜欢烂饭加多了水，它会很不情愿地不停冒泡，潽得一台子都是米汤，米饭的营养也就这样白白流掉了。若水放得少，煮出来的饭又似乎还不够熟，它是应付不来的。

一顿饭，最重要的就是碗里的饭，吃到自己合口的米饭，不要菜也能多吃一点，要是米饭不对劲，餐桌上的气氛也会因此改变。一家人，一边吃着饭，一边讨论今天的米饭是好还是不好，一顿饭就这么纠结起来，可这就是中国人的寻常日子啊。

其实每个米袋子上都有米的个性说明哦。

东北高寒，它的米生长期长，营养丰富，糖分高，吃起来很有弹性。不过东北可不是传统的稻米产区，江南一带古来一直被叫做鱼米之乡，是传统米饭最合适的产地呢。软和爽口的苏北大米，糖分含量低一些，弹性不算很高，但是绵密适口，还很爽快。崇明的空气好，湿润，四季分明，也有很好的大米，天天吃，不觉得它的好，偶尔换个品种，却觉得有差异，这种感觉要试了才知道。

而不同产地的米它们需要的水的比例，往往是不一样的，电饭锅怎么会知道？可是，我们只会用电锅煮饭，那怎么办？

泡吧！

根据包装袋上的比例说明，调整泡米的时间，需要多一点水的就多泡一下，让它在加热前先吸足水，煮的时候就会恰到好处。

要想米饭的味道更好，还可以加一点做菜的油，没有浓郁香气的比较好哦。

还有一点心得值得分享。煮饭的时候随手放一点色彩进去，吃饭的时候胃口更好，营养也更全面。袋装的青豆玉米杂菜是我最常使用的煮饭伴侣。核桃和芝麻会让米饭更香。红枣补血，但没时间煮汤，那么煮饭的时候放几颗，很省事，营养却不打折哦。

每一家的米饭都是餐桌上的灵魂，吃惯了你煮的饭，一辈子都会想念。

Tips

洗米小贴士

1. 不要用力搓洗，用手指轻轻搅动几下即可。
2. 浸泡要超过 40 分钟以上。
3. 浸泡时加 1 小勺色拉油。
4. 煮好后用勺在米饭上画一个“井”字，盖上盖子再焖。
5. 炒饭最好用隔夜的剩饭，先煮好的饭进冷藏室迅速冷却再炒，才能粒粒分开。

大厨教你做

The Master Chefs Teach You

海鲜烩饭

意大利海鲜烩饭和西班牙海鲜饭其实是一回事，在家里烧请选用长粒米。

备料：

淡菜、八爪鱼、虾、蛤蜊、鱼、匈牙利香料粉、番茄酱、藏红花、盐、龙虾汤、米

做法：

1. 龙虾汤由烤过的龙虾头和龙虾壳加进西式的虾酱、洋葱、蒜头、胡萝卜、迷迭香、百里香和瓶装的蛤蜊原汁或蛤蜊一起熬煮，大火煮开后小火熬 1 个小时以后过滤。

2. 熬好的龙虾汤和米一起在平底锅里熬煮然后加进海鲜，汤汁慢慢收干到你想要的程度，加入番茄酱，加上起司粉起锅。

3. 嫌麻烦的话可以买罐装的海鲜饭汤汁加上米熬煮就可以。

11

高汤
不用味精的秘密

11

高汤
不用味精的秘密

味精的害处已经众所周知，但是因为味精类的调味品比如味素、味精、鸡精、鸽精等能方便快速地制造出鲜汤，使一碗清水，立即让人产生食欲，既方便又经济，所以不光是餐饮企业，就是普通人家，也少不了味精这一烹调利器。

其实在没有味精之前，鲜的这种味觉体验已经存在了。那么最原始的鲜味从何而来？其实新鲜就是鲜的奥秘！新鲜的蔬菜、鸡肉、猪肉、牛羊肉等，都含有氨基酸，而氨基酸正是鲜的来源。但是天然食物当中的氨基酸不是单一存在的，它和食物中的其他营养成分一起，给你丰富的口感，所以西红柿有西红柿的清鲜，羊肉有羊肉的嫩鲜。

味精的诞生，简化了烹调过程，但也使得鲜味变得单调。

味精很鲜，但是，它一鲜压百鲜。它只能提供单一的人工合成的氨基酸，而且科学表明，食用味精过多会让人产生头痛、恶心、发热等症状，还可能导致智力降低和高血压。并且，在食物中过量放入味精会破坏味觉，让人的口味越来越重，越来越不敏感。久而久之，食欲也会受到破坏，进而影响你的健康。

如何不用味精却做出鲜美的菜肴呢？问一百年前的厨师，就能找到秘诀了。中国传统的饮食中有一名味精的前辈，它就是高汤。中国古代的厨师，特别擅长熬制各种高汤，高汤就是用各种天然食材熬炼出的浓汤，将食物的营养和鲜味浓缩起来，为烹调带来纯天然的鲜美。这种鲜美，即使是味精，也要甘拜下风。

高汤是很多善于制作私房菜的大厨秘而不传的利器，因为熬制时间长，食材成本高，已经在餐饮企业追逐利润的征途上被渐渐淡忘，同时被遗忘的还有高汤给人的那种让人幸福的味道——让你的家人感到幸福，高汤是你的秘密武器。

不同的汤底会有不同鲜的味觉，家庭里只要学习一下这五款高汤，就能为不同的食材提升营养和口感，像催化剂一样，帮助每一样食物呈现最好的味道。

老母鸡熬出的鸡高汤

中国人吃鸡有上千年的历史，鸡的吃法也是层出不穷，但鲜美的鸡汤一直是生活中不可或缺的一道鲜味，鸡肉里含有大量的氨基酸，所以其鲜香的秘密也广为人知。随着人们对味觉的追求，电视广告上出现越来越多“清水变鸡汤”的调味品，但那些合成的味道跟新鲜熬制的鸡汤又怎么能相提并论呢？

为什么要用老母鸡熬汤？

放养的老母鸡，佐以葱姜酒去腥，加入清水细细熬制，一锅飘着黄黄的鸡油散发着浓浓香味的鸡汤就熬成了。炖鸡汤，是很简单的，但是又很不简单。中国人熬鸡汤，向来推崇老母鸡，而且都是整只熬制。这是因为老母鸡含有较丰富的脂肪、无机盐、维生素和多种氨基酸等，特别是谷氨基酸含量较多。这些营养成分经慢火长时间熬煮，可使浓厚的鲜味慢慢溶解汤中，使汤的味道格外鲜浓醇正。另外，熬煮鸡汤时间较长，老母鸡的肉质地粗老，不易煮烂，能保持鸡的原形，所以才能经受住长时间熬炖的过程，汤里的味道会更加醇厚。而选用雄鸡或仔鸡吊汤，它们的脂肪较少，一经加热，水沸即熟，鲜味未出，鸡已煮得溶溶烂烂，达不到制汤的目的。

熬制好的鸡高汤，要选用两年以上的老母鸡，再加入精致的金华火腿提鲜，经过文火慢炖 8 小时，鸡的精华完全化到了汤里，当一锅鲜美的鸡汤呈现在你面前的时候，锅里已经只剩下鸡的骨架了，整只老母鸡的精华都融化在了汤里。

鸡汆水和配料一起熬煮，约 4 小时左右过滤即可。冷却以后分装冷冻待用。

上汤时蔬

淡雅的昆布汤是素的

高汤也有素的吗？

海鲜向来是很多人梦寐以求的美味，在我们的想象中，海鲜高汤一定是用虾蟹鱼等美味浓浓熬制出的牛奶一样雪白的汤头。

错！昆布熬煮之后制成的海鲜汤是淡雅清澈的。

了解昆布

昆布就是海带，是大海给人类的美好馈赠，它的营养十分丰富，多食海带不仅可以补碘，还能预防动脉硬化，降低胆固醇的积聚。海带中褐藻酸钠盐有预防白血病和骨痛病的作用，

干昆布洗净泡一夜，连水一起煮开后小火煮 1 小时，起锅时抓一把柴鱼干放进去再焖 3 分钟，过滤，就是美味营养的昆布高汤了！

对动脉出血亦有止血作用，海带淀粉还具有降低血脂的作用。近年来还发现海带的一种提取物具有抗癌作用。多吃海带还有助于排出身体内残留的辐射物。在手机、电脑被广泛应用的今天，海带是一种应该受到重视的环保食物。

哄你把营养喝下去

黑乎乎的海带对身体很有帮助，但是我们不能把进餐当成吃药，所以有时候明知道这种食物对身体很有帮助，却没有办法欣然下咽。现在用它们熬成高汤，你的良苦用心就都在这一碗清汤里了。

营养丰富的猪骨浓汤

国人的饮食其实是很环保的，我们会把食材的每一部分加以利用，绝不暴殄天物。像有着千年养殖历史的家猪，人们不仅会对其各个部位的肉进行不同的烹调，剩下的骨头也不放过，猪骨熬成的汤，是中国人最物美价廉的营养来源。

民间流传着“肉管三天，汤管一七”的说法，可见人们对汤的推崇。尤其是猪骨熬的汤，因为猪骨里有营养丰富的骨髓，所以在传统理念中如果遇上跌打损伤，总会熬上一锅猪骨汤来进行补养。关心孩子健康的妈妈，更是把猪骨汤列为家常的汤品之一，给孩子补钙强身。

中医认为，猪骨能壮腰膝，益力气，补虚弱，强筋骨。若脾胃虚寒，消化欠佳之人食之，易引起胃肠饱胀或腹泻，故应在骨汤中加入生姜或胡椒。

你看，药补不如食补，用葱姜酒和茴香胡椒等调味的猪骨汤，是一种十分均衡又容易取得的家常营养。传统认为骨头汤的营养高于肉汤的营养，所以猪骨浓汤往往只采用猪的龙骨进行熬制，可是经过科研人员的研究，发现这种看法需要纠正。肉汤中含有肉中部分水溶性物质，如无机盐和水溶性维生素等；也有少量的水溶性蛋白质和水解产物，如肽和一些氨基酸；还有一些含氮浸出物，如肌酐、肌酸、肌肽和嘌呤等。这些氨基酸和含氮物质能使汤味鲜美，它们溶解愈多，汤味愈浓，能刺激人体胃液分泌，增进食欲。

所以在熬制猪骨浓汤的时候，如果觉得骨头里的骨髓不多，可以加进猪皮增加胶原蛋白，这样汤的口感层次更为分明，鲜得不张扬，却略带浓稠度的独特口感，不仅更加鲜美，还更有营养。如果可以加进一小片火腿提鲜，就更加完美了！

最谋杀时间的营养牛肉汤

好的牛肉汤要的是时间！

在微电影《爱情厨男》中我已经阐述过了好的牛肉汤的精髓——汤清肉烂，这需要至少 8 小时以上的时间。牛肉汤的成功，需要的是时间。

大厨教你做

The Master Chefs Teach You

牛肉汤

备料：

味全豆瓣酱、油、蒜泥、番茄酱、小块牛肉、白萝卜切块、水、卤牛肉的汤、牛油、八角、桂皮、花椒、冰糖、洋葱块、白胡椒粉、米酒、盐、鸡高汤

做法：

1. 热锅，倒油，放蒜泥煸炒至微黄，再炒豆瓣酱，炒熟，再放入番茄酱，煸炒到出红油。
2. 小块牛肉汆水，洗净沥干。
3. 牛油加米酒汆水，冲洗沥干。
4. 再起一锅，将花椒煸炒。
5. 第一天深汤锅放入汆过水的牛骨煮汤，煮 16 小时。
6. 牛骨汤加水。卤牛肉汤加以前备好的料和八角、桂皮、洋葱块、白胡椒粉一起烧开。用小火烧 2 小时过滤出汤汁。
7. 炒锅洗净加热化冰糖成焦糖色。
8. 汤汁里加糖汁、盐、鸡高汤烧开。完成！

简化的牛骨清汤只需要用汆了水的牛骨加葱姜酒熬煮即可，营养丰富，操作方便。

Tips

储存高汤的方法

1. 根据日常用量将过滤过的汤进行分装。
2. 密封罐分装后放进冷冻室速冻。
3. 在密封罐上标明日期，高汤即使在冷冻中保存也不要超过半个月。
4. 第二天要用的高汤第一天记得转移到冷藏室，自然解冻，还省电呢。

12

十分钟营养早餐不是事

12
十分钟
营养早餐不是事

早餐要吃好，谁都知道，但早晨多睡五分钟，又是那么的惬意，所以，要想早餐吃得好又想多睡五分钟的话，就要花点巧心思。

喜欢中式早餐的人，最简单的就是用电饭锅的预约功能煮一锅粥，里面放点杂七杂八的豆子、枣子、山芋、海参或者干贝之类，放了海产的记得放点姜丝就行了，然后把速冻的包子蒸一下，有干的有湿的，方便又美味。

吃厌了清粥小菜，换换花样的方案也不少，一周五天，大厨给你们五个最简单的搭配：

果酱 + 面包 + 豆浆 + 蔬菜色拉

自制的果酱保证了维生素，豆浆可以现磨也可以买袋装的，冰箱里现成的蔬菜各抓几片用现成买得到的意大利风味色拉酱拌一下，营养丰富，味道清新。

大厨教你做

The Master Chefs Teach You

巴黎肉桂吐司 + 奶茶

备料：

吐司、牛奶 250 克、动物性鲜奶 250 克、糖 80 克、蛋黄 120 克、肉桂粉

做法：

1. 牛奶、鲜奶和糖一起煮，煮到糖化了加进蛋黄液搅拌过滤。
2. 吐司去边切成长条泡进蛋液里。
3. 烤箱预热 200 度，烤 5 分钟，出炉时洒上肉桂粉。没有烤箱的可以用平底锅加黄油煎一下，也很方便。
4. 煎好的吐司撒上肉桂粉，就有了浓郁的法式风情。

01 将备好的料混在一起

04 放进平底锅煎。

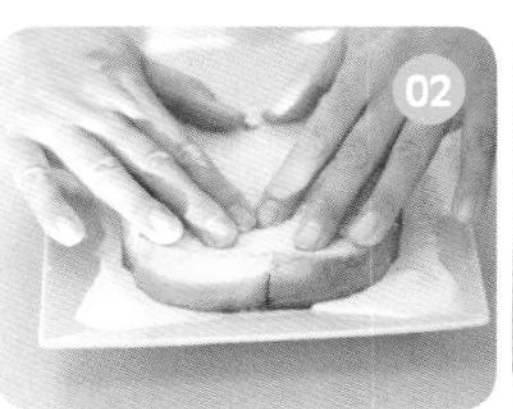

02 把吐司切成厚片泡进去。

05 煎得香香的黄黄的。

03 一定要泡得均匀一点。

06 煎好后，撒上肉桂粉。

煎香肠 + 心形蛋 + 小黄瓜 + 西红柿 + 牛奶

找一个心形模具煎一个单面的荷包蛋，再用锅子的余温煎一根香肠，小黄瓜和西红柿给餐盘带来生机勃勃的色彩，嫌口味太清淡，就加点番茄沙司。

葱油鸡蛋饼 + 咖啡

超市里买的葱油饼、蛋液。

蛋液入锅，一面成型后放上葱油饼，然后翻面。煎到香气四溢，出锅。

大厨演绎的是比较精致的作法。煎一片饼，放在盘子里，再煎一个蛋，再煎一个饼，再煎一个蛋，四层合在一起一切六，其实也很简单。

蔬果汁 + 手工饼干

建议根茎类蔬菜配多汁的水果。也可水果蔬菜切一切放在果汁机里榨一榨，有什么就搭什么，不用太刻意。

手工饼干是最后章节要教的玛格丽特饼干，味道十分清新，觉得蛋白质不够的，还可以加几片奶酪，而多出来的时间就可以站在阳台上看一会风景哦。

100°和200° 水与火的美味 13

13

100°和200° 水与火的美味

结婚 15 年，做了 15 年的饭，搬了三次家，在厨房上投资最多，但打扫卫生的钟点工徐阿姨一直称赞——做这么多家，你们家的厨房油烟最少。

油烟，比二手烟还要厉害，是造成家庭主妇罹患肺癌的主要元凶；油烟还会让你面色暗沉，爬满岁月的痕迹。

所谓的黄脸婆，正是把一家人的烟火气都吸到了自己的如画容颜上，就此大势一去不返。

所以，我偏爱蒸和炖。

早晨起来，电蒸锅里是玉米、馒头和鸡蛋；电饭锅煮一锅干贝粥，然后洗两个西红柿开水烫了去皮扔进果汁壶用料理棒绞碎变成纯天然百分百果汁。

准备的时间不过区区 15 分钟，刷牙洗脸上厕所，料理好自己之后，厨房里已经备好了环保又健康的早餐。炎热的夏天，西红柿汁是最好的防晒美白圣品，玉米和鸡蛋提供能量，馒头让你的饮食均衡，干贝粥让你的味觉兴奋，提供精神上的动力。女人要对自己好一点，顺便还能造福全家人，站在厨房里看着外面的阳光，自然会有充实的心情面对人生。

最近，买到新款的电炖锅，可以蒸可以炖，厨房里更加简约，也由此开创我的烹饪新纪元。

漂亮的肋排开水烫一下，整齐地码在陶瓷煲里，葱姜酒放进去，开水倒进电炖锅，选择模式，等待，一碗鲜得让你掉眉毛的肉汤和几

块熟烂又微弹的肉轻松来到你的面前，色香味绝对是粤菜馆的大厨水准。

盛夏，用电炖锅炖散养的小仔鸡，请卖鸡的人将鸡杀好切好洗净，回家来水冲冲，放进陶瓷煲，还是那三板斧，一只肥嫩鲜美的清炖童子鸡就成了备受赞誉的美味晚餐。疲倦加班的日子加点黄芪之类的进去补补气，忍不住想起《家有仙妻》的片头曲，似乎自己也有将平凡日子点石成金的魔法。

水的游戏，中国人在烹饪上最会白相。各种煲汤，各种养生，不在话下。各种蒸，各种鲜美，也是游刃有余。

100 度，是水的沸点，用这个界限将食物的烹调控制在永不过分的境界，肉才会酥烂而不柴，汤才会浓郁而不混。温柔的蒸和炖，是女性最爱的烹饪方法，看起来清爽，吃起来极鲜，就像有涵养的女人，清秀的外表下，是优雅婉转的心，足够一辈子品尝。

最近，儿子喜欢吃布丁，于是学了一道用蒸锅蒸出来的焦糖布丁，先在搪瓷锅里用开水做出焦糖，然后打蛋，牛奶里放糖加热至微起泡，放进蛋液搅一搅，再放在预热的蒸锅里蒸 7 分钟，浇上焦糖，孩子就有了美味的点心。

超市里便宜的蛋糕粉，不到十块钱一袋，包装上介绍可以蒸出来蛋糕，清爽健康。跟你的家人一起在周末的时候试一试，下午茶的浪漫，若是在自家的厨房里通力合作制造出来的，是不是更有情调？

烤鱼

备料：高汤、鸡汁、香叶、香果、辣椒、茴香、花椒、辣椒酱、孜然

不过，太清淡又会觉得太过寡欲，
于是爱上烤箱。

在家里用烤箱和面包机能制作出的美味实在不少，但看着别人做出来的是美丽的甜点，自己做出来的却没有色相也不够美貌。

首先，要使用你的电子秤，制作面点比例很重要，所以不能随意地抓来抓去，一定要取准份量，精确到克。

然后你要选好烤箱，电热管的不太靠谱，专业的旋风烤箱才是神器。

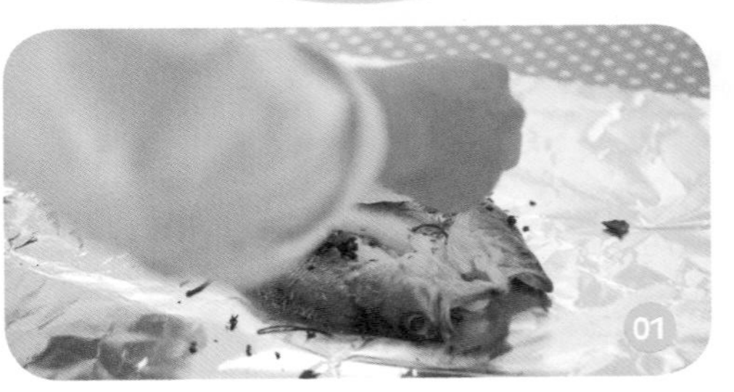

将鱼放在锡纸上，并撒上调料。

最重要的是预热，烤箱的温度不够可是大问题，要么不能成形，要么变成黑炭。

烤箱可以烹饪菜肴制作甜点，焗饭焗菜也很轻松，下面这些都是简单又体面的菜式，就来一试身手吧。

将锡纸包好，放入烤箱。

烤蟹

备料：洋葱、黄油、盐、黑胡椒

01 洋葱片垫底，将蟹拆分，摆入锡盘中。

02 盖上蟹壳，将锡盘放入烤箱。

焗饭

备料：鲜奶油、大蒜、马苏里拉干酪、培根、杏鲍菇、平菇、蘑菇、洋葱、白胡椒粉、芝士粉

焗龙虾

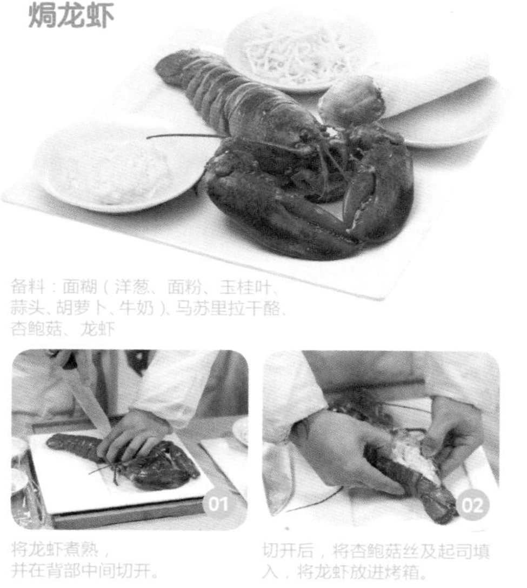

备料：面糊（洋葱、面粉、玉桂叶、蒜头、胡萝卜、牛奶）、马苏里拉干酪、杏鲍菇、龙虾

01 将龙虾煮熟，并在背部中间切开。

02 切开后，将杏鲍菇丝及起司填入，将龙虾放进烤箱。

大厨教你做

The Master Chefs Teach You

自制布丁

备料：

淡奶油 200 克、牛奶 300 克、砂糖 60 克、蛋黄 120 克、粗砂糖 20 克

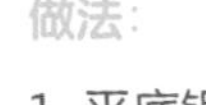

做法：

1. 平底锅化糖，化至咖啡色，也可以买现成的焦糖糖浆。
2. 将焦糖糖浆逐个倒入磨具中，备用。
3. 淡奶油、牛奶、粗砂糖一起熬煮，温度不超过 60 度。
4. 蛋黄打成蛋液，将熬煮好的奶液和蛋黄液慢慢混合，可以先舀一点奶液到蛋黄液里去均衡温度，以免蛋黄液变成蛋黄汤。
5. 将混合好的布丁液倒进模具。
6. 不锈钢盘里放水，将布丁液杯放在水里，烤制时会因为水汽的蒸腾而柔滑口感。
7. 烤箱预热 150 度，烤制 30 分钟。

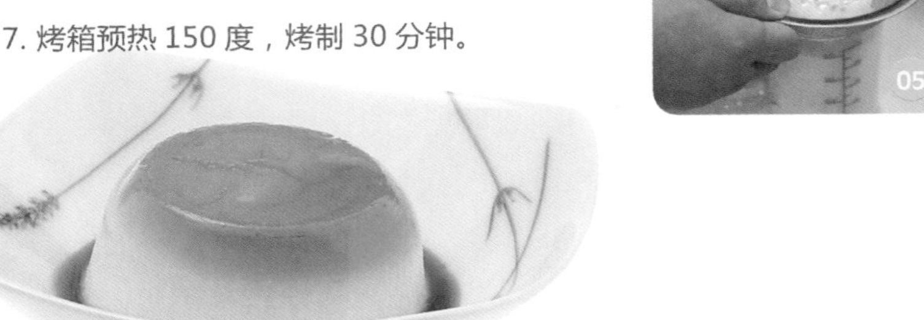

大厨教你做

The Master Chefs Teach You

芝士蛋糕

备料：

奶油奶酪 100 克、蛋黄 3 个、牛奶 50 克、无盐黄油 30 克、低筋面粉 15 克、玉米淀粉 10 克、柠檬汁 3~5 滴、蛋白 3 个、细砂糖 50 克

做法：

1. 用热水隔水软化奶油奶酪。

2. 打蛋液。

3. 加入室温下融化的无盐黄油。

4. 加入牛奶、柠檬汁、低筋粉和玉米淀粉搅成奶酪糊。

5. 蛋白加糖打发，标准见之前的香蕉冰淇淋。分 3 次将奶酪糊加进蛋白糊。

6. 将蛋糕液倒进模具，新手为了倒出来的时候方便一点可以使用脱底的模具。

7. 烤箱 180 度预热，165 度隔水烤熟，烤 1 小时。

8. 出炉冷却后冷藏 4 小时左右口感最好，吃之前可以刷一层蜂蜜。

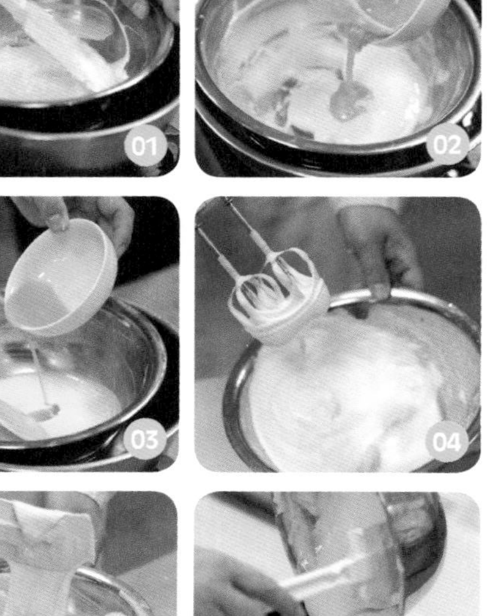

大厨教你做

The Master Chefs Teach You

玛格丽特饼干

师傅一边做一边说，这个饼干来自意大利，是一个厨师一边想着他的女朋友一边做出来的，做的时候我发现这个饼干成型很简单，搓一个面球，然后用手指一压，就好了，这个厨师想对他的女朋友表达的到底是一种什么样的感情啊？玩笑话，但这个饼干很好吃，是真的。

备料：

低筋面粉 50 克、玉米淀粉 50 克、熟蛋黄 1 个、无盐黄油 50 克、糖粉 30 克、盐 0.5 克

做法：

1. 室温下软化黄油，加入糖和盐揉搓，量比较少的话直接用手就行了，多的话可以用打蛋器，打至黄油发白，加入蛋黄继续揉揉揉，有点费力，不过手工做应该可以瘦手臂上的赘肉。

2. 加入低筋粉和玉米淀粉再揉，揉成面团以后进入冰箱醒发 1 小时。

3. 将大面团搓成小圆球，用手指将小圆球一压，就成型了。

4. 上火 160 度烤 15 分钟，大约就能做成 15 块饼干了。

感谢

TEAM
我们的团队

作者吕玫与世界顶级厨师、一茶一坐行政总厨黄启云先生

一茶一坐研发中心

叶 炜　擅长中餐料理

夏晓东　擅长点心及甜品

沈 进　擅长西餐料理

刘德生　擅长东南亚料理

林永萍　擅长饮料冰品及甜品

菜品摄影：邵培青

装帧设计：刘世斌

书籍策划：陈蔡

特别鸣谢支持企业：

拍摄环境提供：上海市徐汇区凯旋路 3033 号德国西曼蒂克 SieMatic

图书在版编目(CIP)数据

舌尖上的幸福：妈妈美食秘籍 / 吕玫著. —
上海：上海人民出版社，2014
ISBN 978-7-208-12268-0

Ⅰ. ①舌… Ⅱ. ①吕… Ⅲ. ①菜谱 Ⅳ. ①TS972.12

中国版本图书馆CIP数据核字(2014)第089494号

出 品 人　邵　敏
责任编辑　邵　敏　陈　蔡
封面装帧　刘世斌

出品

舌尖上的幸福：妈妈美食秘籍
吕　玫　著

出　　版　世纪出版集团上海人民出版社出版
　　　　　(200001　上海福建中路193号　www.shsjwr.com)
出　　品　世纪出版股份有限公司上海世纪文睿文化传播公司
发　　行　世纪出版股份有限公司发行中心
印　　刷　上海中华商务联合印刷有限公司印刷
开　　本　720×1000　1/16
印　　张　8.75
字　　数　180,000
版　　次　2014年7月第1版
印　　次　2014年7月第1次印刷
ISBN 978-7-208-12268-0/T · 9
定　　价　35.00元

一茶一坐

台湾特色茶餐廳

每月一款

人气美食，超值

海盐茉绿奶盖 ¥18

炸花枝丸 ¥22

草莓桑葚 ¥28

黄金蛋 ¥15

台湾夜市经典三拼 ¥35

冰糖银耳莲子羹(冷/热) ¥18

一茶一坐

台湾特色茶餐廳

凭此券可兑换正面指定餐品一份！

使用细则:

- 请于点单前出示本券；
- 本券每次限用一张，且不与其他优惠同时使用；
- 本券复印无效，不得兑换现金；
- 有效期：2014.8.1-2014.8.31，逾期无效；
- 本券仅限于一茶一坐中国大陆门店使用。

一茶一坐

台湾特色茶餐廳

凭此券可兑换正面指定餐品一份！

使用细则:

- 请于点单前出示本券；
- 本券每次限用一张，且不与其他优惠同时使用；
- 本券复印无效，不得兑换现金；
- 有效期：2014.7.1-2014.7.31，逾期无效；
- 本券仅限于一茶一坐中国大陆门店使用。

一茶一坐

台湾特色茶餐廳

凭此券可兑换正面指定餐品一份！

使用细则:

- 请于点单前出示本券；
- 本券每次限用一张，且不与其他优惠同时使用；
- 本券复印无效，不得兑换现金；
- 有效期：2014.10.1-2014.10.31，逾期无效；
- 本券仅限于一茶一坐中国大陆门店使用。

一茶一坐

台湾特色茶餐廳

凭此券可兑换正面指定餐品一份！

使用细则:

- 请于点单前出示本券；
- 本券每次限用一张，且不与其他优惠同时使用；
- 本券复印无效，不得兑换现金；
- 有效期：2014.9.1-2014.9.30，逾期无效；
- 本券仅限于一茶一坐中国大陆门店使用。

一茶一坐

台湾特色茶餐廳

凭此券可兑换正面指定餐品一份！

使用细则:

- 请于点单前出示本券；
- 本券每次限用一张，且不与其他优惠同时使用；
- 本券复印无效，不得兑换现金；
- 有效期：2014.12.1-2014.12.31，逾期无效；
- 本券仅限于一茶一坐中国大陆门店使用。

一茶一坐

台湾特色茶餐廳

凭此券可兑换正面指定餐品一份！

使用细则:

- 请于点单前出示本券；
- 本券每次限用一张，且不与其他优惠同时使用；
- 本券复印无效，不得兑换现金；
- 有效期：2014.11.1-2014.11.30，逾期无效；
- 本券仅限于一茶一坐中国大陆门店使用。

EASTCHA
逸茶雅集

喝好茶 简单泡
三大泡茶法
Fine Teas, Easy Brew

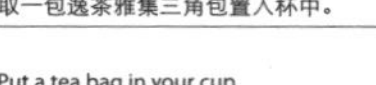

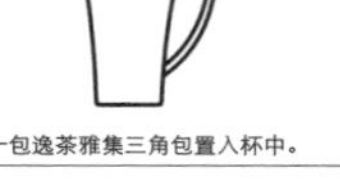
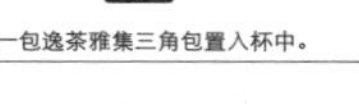
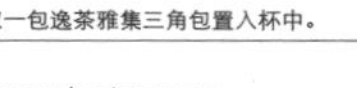

Hot Tea

热

1. 取一包逸茶雅集三角包置入杯中。
   Put a tea bag in your cup.
2. 注入适温及适当量的水于杯中。
   （请参照最佳品茗冲泡对照表。）
   Pour 250 ml hot water slowly into your cup.
3. 静待2～4分钟即可饮用。
   Steep for 2~4 minutes and enjoy.

2~4 min

品味热饮
Hot Brewing

特色：
1. 茶叶成分尽出
2. 香气特显
3. 茶汤浓醇
4. 口感特色充分体现
5. 入口温暖有幸福感

Iced Tea

冰

1. 取一包逸茶雅集三角包置入杯中。注入适温热水于杯中，静待2～4分钟。
   Get one tea bag,pour hot water slowly into your cup. Steep for 2~4minutes.
2. 将泡好的茶倒入较大的茶壶中。
   （请参照最佳品茗冲泡对照表。）
   Pour the tea into a larger pot.
3. 加入150克以上的冰块，即可饮用。
   Add over 150g ice cubes. Enjoy.

2~4 min

鲜爽冰镇
Iced Cha

特色：
1. 茶汤滋味醇和
2. 冰镇爽口又解渴
3. 结合热饮冷泡特色
4. 可创意特调

Cool Infusion

冷

1. 取2袋茶包置入瓶中。
   Put Two tea bags into the bottle
2. 注入18～25°C常温水，500ml 水量至瓶中。
   Pour 500ml 18~25°C temperate water slowly into the bottle.
3. 放入冰箱中4～6个小时后取出即可随时享用。
   Place in refrigerator. Steep for 4~6 hours. And enjoy it.

4~6 hours

酷饮冷泡
Cool Infusion

特色：
1. 茶氨酸优先释出
2. 健康冷饮易人体吸收
3. 茶汤鲜醇不苦涩
4. 较少咖啡因
5. 清凉品饮不烫口
6. 冲泡简单携带方便

EASTCHA
逸茶雅集

温馨提示：

1.本券为2014年《舌尖上的幸福 · 妈妈美食秘籍》之优惠券。
2.凡于活动期间内在一茶一坐门店购买指定商品。
3.适用于中国地区一茶一坐餐厅使用。
4.本券不能与其它优惠活动同时使用。
5.请在结账时出示此券，券于使用后回收。
6.有效日期印刷于本券正面，本券逾期视同无效。
7.复印、涂改、过期、剪角视为无效。

EASTCHA
逸茶雅集

温馨提示：

1.本券为2014年《舌尖上的幸福 · 妈妈美食秘籍》之优惠券。
2.凡于活动期间内在一茶一坐门店购买指定商品。
3.适用于中国地区一茶一坐餐厅使用。
4.本券不能与其它优惠活动同时使用。
5.请在结账时出示此券，券于使用后回收。
6.有效日期印刷于本券正面，本券逾期视同无效。
7.复印、涂改、过期、剪角视为无效。

EASTCHA
逸茶雅集

温馨提示：

1.本券为2014年《舌尖上的幸福 · 妈妈美食秘籍》之优惠券。
2.凡于活动期间内在一茶一坐门店购买指定商品。
3.适用于中国地区一茶一坐餐厅使用。
4.本券不能与其它优惠活动同时使用。
5.请在结账时出示此券，券于使用后回收。
6.有效日期印刷于本券正面，本券逾期视同无效。
7.复印、涂改、过期、剪角视为无效。

EASTCHA
逸茶雅集

温馨提示：

1.本券为2014年《舌尖上的幸福 · 妈妈美食秘籍》之优惠券。
2.凡于活动期间内在一茶一坐门店购买指定商品。
3.适用于中国地区一茶一坐餐厅使用。
4.本券不能与其它优惠活动同时使用。
5.请在结账时出示此券，券于使用后回收。
6.有效日期印刷于本券正面，本券逾期视同无效。
7.复印、涂改、过期、剪角视为无效。

EASTCHA
逸茶雅集

温馨提示：

1.本券为2014年《舌尖上的幸福 · 妈妈美食秘籍》之优惠券。
2.凡于活动期间内在一茶一坐门店购买指定商品。
3.适用于中国地区一茶一坐餐厅使用。
4.本券不能与其它优惠活动同时使用。
5.请在结账时出示此券，券于使用后回收。
6.有效日期印刷于本券正面，本券逾期视同无效。
7.复印、涂改、过期、剪角视为无效。

EASTCHA
逸茶雅集

温馨提示：

1.本券为2014年《舌尖上的幸福 · 妈妈美食秘籍》之优惠券。
2.凡于活动期间内在一茶一坐门店购买指定商品。
3.适用于中国地区一茶一坐餐厅使用。
4.本券不能与其它优惠活动同时使用。
5.请在结账时出示此券，券于使用后回收。
6.有效日期印刷于本券正面，本券逾期视同无效。
7.复印、涂改、过期、剪角视为无效。

Weekend

周末

果香里脊

Fruit Flavored Tenderloin

01 猪里脊肉切成块放进蛋液里搅拌

02 将拌好的猪里脊肉再裹一层生粉

03 将里脊肉块放在油锅里炸到金黄色。家里可以用一口小锅放半锅油，专门用来炸东西，这锅油用过以后可以加一点面粉炸一下，油就会恢复清洁，用了快到一个月的时候用来炒菜，再换新油，这样就可以在家里吃到放心的油炸食物了。

04 将炸好的里脊肉放在吸油纸上冷却吸油。

05 取另一只锅，热锅，冷油，先放青椒煸炒，然后放入糖和醋调好的糖醋汁烧开。

06 生粉加水调成芡汁进行勾芡。手生的人可以先调好芡汁再起锅炒青椒。

07 糖醋芡汁里放进菠萝块，如果买得到百香果，可以取点百香果汁提香，增加酸甜的口感。

08 将里脊肉放进糖醋芡汁里拌匀起锅。

旗鱼松蒸鳕鱼

Steamed Cod Steak with Swordfish Flakes

01 将盐卤老豆腐切成块备用，大约半块豆腐的量。

02 解冻好的鳕鱼洗干净加点盐、花椒和酒腌一下。

03 将豆腐放在碗底，上面放上鳕鱼，铺垫葱白。

04 蒸锅水开以后将鱼上屉蒸8分钟。

05 用不锈钢汤匙将油和葱花微煎至气泡浇在鱼肉上，可以再加一点蒸鱼豉油，然后将旗鱼松或者一般的儿童鱼松铺在鳕鱼上，加点香菜更加漂亮。

上汤时蔬

Assorted Vegetables in Chicken Soup

01 整理冰箱，将没吃完的高汤、剩下的各种蔬菜菌菇黑木耳豆腐之类的取出来洗干净切好。

02 将高汤和杂七杂八的剩菜一起倒进去煮开，如果有豆类和菌菇类要预先焯一下，去掉皂素和草酸。

03 这一锅五颜六色，调好味以后很美味哦！

培根高丽菜

Steamed Black-bone Chicken

01 小袋装的培根切成小片。

02 高丽菜就是扁的那种卷心菜，半颗，洗干净手撕成片。

03 热锅，冷油，培根先下锅炒一下，然后倒入卷心菜翻炒，大火快炒即可，喜欢熟一点的可以加点水焖一下，加盐调味起锅。

04 这道菜爆锅时加花椒辣椒也可以，还可以加辣酱和醋变成酸辣口味。

05 不喜欢吃肉的可以不放培根，放点虾干煮一下，也别有风情哦。

麻婆豆腐

Mapo Tofu

01 初学的人可以买现成的麻婆豆腐料，也可以用花椒、豆豉酱、辣酱调制有自己风格的麻婆豆腐调料，姜末蒜末和葱都不能少哦。

02 在豆腐盒里将豆腐划成块，倒掉盒子里的黄水，把豆腐冲洗一下。

03 热锅，冷油，倒入麻婆豆腐调料和豆腐，最好使用绢豆腐，口感更好，加水煮开，再煮 2 分半钟。

04 洒上超市里能买得到的土耳其风味调料粉和葱花，完成！

Friday

星期五

养身汽锅乌鸡

Steamed Black-bone Chicken

01 乌鸡一只洗净，开水烫一下，切成块，也可以切好块以后开水烫一下。

02 再洗一次去掉血污。

03 用盐和超市里能买得到的鸡汁将鸡腌一下，不喜欢重口味的可以只用盐腌一下，如果用茶水泡会有一种特殊风味，也可以试试，不过要用绿茶或乌龙茶。

04 半小时后将鸡块捞出来放入汽锅，加入水、姜片、葱结、枸杞、何首乌、红枣，蒸锅里水开以后放进去蒸30分钟。

05 家里没有汽锅，可以用敞口的大碗代替。

06 蒸的过程中不要掀锅盖哦。

07 用汽锅的方法还可以蒸排骨、蒸童子鸡，原汁原味!

Thursday

星期四

菜脯蛋 Taiwanese Style Omelette

01 将原味萝卜干切碎。

02 2~3 个鸡蛋打成蛋液。

03 蛋液里加进菜脯碎、葱花、盐，再搅拌均匀。

04 不粘锅加热放油，倒入 1/4 的蛋液，成型后倒出来，再倒入 1/4 的蛋液，成型后倒出来叠在之前的蛋饼上。

05 再一次做个蛋饼。

06 将三个蛋饼叠在一起倒回不粘锅，倒入剩下的蛋液，文火慢煎，这是个投机取巧的办法，可以轻松做出圆圆的菜脯蛋哦。

07 火一定要小哦。

番茄牛腩汤

Beef and Tomato Soup

01 将前一天没吃完的卤牛肉和汤汁取出来。

02 将牛肉汤煮开，放入切成大块的番茄，煮沸后起锅前加些葱或者香菜，完成！

蔬菜色拉

Vegetable Salad

01 可以购买超市里整袋的色拉菜，也可以自己根据喜好搭配，黄瓜、西红柿、罗曼生菜、紫甘蓝切丝、球生菜、烫过的芦笋等等。

02 将蔬菜放进色拉搅拌碗，加上喜欢的色拉酱，轻松摇一摇，完成！

蒜味四季豆

String Bean with Garlic Sauce

01 四季豆去两头洗干净，一掰二。

02 四季豆用盐水煮 5 分钟，，水里滴一点油，豆子会比较绿，沥干水分。

03 花椒油、蒜末、盐、辣酱、胡椒等调料将四季豆充分拌匀，装盘。

牛筋腩萝卜煲

Stewed Turnip with Beef Tendon

01 牛筋牛腩洗干净，开水烫一下，加入香叶、八角、蒜、两片榨菜、葱、姜、酒、盐和少许酿造酱油放进高压锅焖 40 分钟，这个工作最好前一天晚上进行，然后将牛筋牛腩泡在卤汁里放进冰箱，第二天会更加入味。

02 取出卤好的牛筋牛腩加进切成小块的萝卜放在砂锅里煮，煮开以后文火慢炖，炖到萝卜烂烂的就可以吃了。

03 吃不完的牛腩煲将萝卜挑掉，牛肉冷冻起来还可以用，也可以在加萝卜之前就计算一下能吃掉的量，将牛肉分一分，周末的中午用卤牛肉加汤汁做一碗牛肉面，超赞！

Wednesday

星期三

客家小炒

Sauteed Pork and Squid

01 前一天没用完的豆干水烫一下，切成条。

02 这道菜要用到鱿鱼干，鱿鱼干需要泡 36 小时，需要预泡，如果临时想吃，可以在超市买鱿鱼丝代用，不过味道会差一点哦。泡好的鱿鱼干洗一洗，切成和豆腐干差不多的条。

03 本地芹菜一小把洗干净切成条。

04 切点蒜片。

05 有肉丝也可以加一小把。

06 热锅，冷油，放入蒜片姜片煸炒到金黄色时，倒入以上备料中火翻炒，加点料酒和酱油，再加一点糖，喜欢生一点芹菜的可以将芹菜晚一点放，也可以再加一点青红椒丝。

07 炒熟了就可以起锅了。

Tuesday
星期二

夫妻肺片

Beef Tripe and Pork Lung Slices in Chili Sauce

01 一根黄瓜洗干净去皮，用碎菜机刨成片。

02 素肠或五香豆干煮沸后捞出来，冷却后切片。

03 超市里买的零食熟鸭胗一个，洗一洗开水泡一下切成片。

04 将以上三样加入辣椒油、麻油、花椒油、酱油、切碎的一点点香菜和一大把黄飞鸿花生米放在大碗里拌一拌，再倒进一只白盘。

清蒸鱼

Steamed Fish

01 菜场买活鱼请卖鱼的师傅处理好回家冲洗一下，再用开水将鱼烫一下，沥干水。

02 整根的葱、大片的姜、盐均匀地抹在鱼身上，加一点黄酒，将鱼放在鱼盘上放入蒸屉。

03 蒸锅里加开水，烧水，水开后放上蒸屉，蒸 10 分钟。

04 取出鱼之后去掉葱姜和鱼汁，浇上蒸鱼豉油，再用不锈钢汤匙把油和葱花加热至冒泡后浇在鱼身上，上桌，趁热吃。

菌菇汤

Mushroom Soup

01 鲜香菇、蘑菇、鸡腿菇等各抓一把，洗干净，开水焯一下，备用。

02 取之前备好的猪龙骨汤加入大枣、枸杞煮开，放入菌菇再煮。

03 煮沸后调味，起锅。

04 如果中午没有吃绿叶菜还可以在调味前加点菜心、娃娃菜或黑木耳。

黑胡椒牛排

Pan-Fried Beef with Black Pepper Sauce

01 大火将平底不粘锅预热。

02 放入黄油爆炒洋葱丝，洋葱的量约半个即可。

03 加入牛肉片和瓶装的黑胡椒汁一起拌炒，调味靠黑胡椒汁，根据自己口味的轻重选择加多少量。

04 加一点水煮一下，用筷子夹一块起来尝尝看，熟了就可以再调一下味，起锅。

05 拌炒的时候也可以加一点青红椒，颜色又好看，味道也会很香。

胶原蛋白龙骨汤

Pan-Fried Beef with Black Pepper Sauce

01 将猪龙骨用开水汆烫一下放进意面锅，也可以前一天晚上放在电饭锅里煮，煮高汤时放入洋葱一大把、半根胡萝卜、一小把西芹和葱姜酒。

02 煮1小时以后自然冷却，然后过滤，怕油的人可以将汤放进冷藏室，一夜之后汤面上会有一层白油壳，直接用筷子夹掉，脂肪也就飞走了。

03 猪高汤可以用玻璃密封盒分一下，不用一次用完。

04 晚上回家以后取一盒龙骨高汤，放入豆腐、青菜等等，煮一煮，热腾腾的，好吃！

Monday

星期一

龙豆拌木耳

Black Tree Fungus and Kidney Bean
with Spicy and Sour Sauce

龙豆在超市里可以买到，没有的话可以用荷兰豆代替。

01 将豆摘去两头，洗干净。

02 将胡萝卜洗净，用碎菜机刨成丝（半根的量就差不多了，沥干水分放在密封盒里放进冰箱备用）

03 黑木耳可以在前一天泡好，因为要泡 12 小时，也可以早晨上班前泡在碗里，回来正好可以用，我的方法是多泡一些然后沥干水分放在密封盒里放进冰箱保鲜，可以放 3~4 天。

04 黑木耳和龙豆用沸水煮 10 分钟，起锅前放入胡萝卜，烫一下，用滤网滤掉水分。

05 用酱油麻油拌一拌，也可以根据个人喜好放点辣油，还有一种简单的方法是拌自己喜欢的色拉酱哦。

不会满身油烟
却有幸福晚餐

吕玫

我肯定不是一个专业的厨师或者烹饪达人，但我从 2000 年结婚至今，只要有时间都在家里吃饭，经过我的手起码煮出了 3000 顿晚餐，以每顿饭节约 30 元钱来计算，居然有 90000 元钱的金额，还不算因为减少外食而给身体带来的好处。

我怕用刀，经常会切到手，所以我喜欢用剪刀处理食材。

我还害怕苍蝇，所以除了要买活鱼活虾，很少去菜市场。

我不太有时间慢慢处理食材，但我却希望自己的食物安全美味营养。

而且，我有点挑食。

这一切，居然没有成为我 15 年料理生涯的绊脚石，并且，我的两菜一汤每晚会获得家人的赞誉，以吃光光来肯定它的滋味。

所以，我们完全可以优雅地为家人呈上简约的晚餐，换取其乐融融的家庭气氛和安全无负担的美味，并得到作为一个优雅女性的成就感。

为家人做饭，不需要蓬头垢面，浑身油烟，以下我为你奉上的菜谱，准备时间不会超过 20 分钟，相信我，做饭不难，不会比高等代数、PPT 提案或者客户谈判更为难你，只要你愿意试一试，你会成为一个幸福的女人。

一周两小时准备
每晚两菜一汤

一茶一竺 诚意推荐

舌间上的幸福 妈妈美食秘籍

优雅减法料理